高等学校规划教材·力学

实验流体力学基础

（第2版）

高永卫　孟宣市　肖春生　编

西北工业大学出版社

【内容简介】 本书主要介绍实验流体力学的基本原理和基本方法。全书共分为7章，系统地讲述了流体的基本性质、相似理论、误差理论、流体力学实验的基本设备和基本方法，并介绍了流体力学实验研究中需要了解的一般概念和基本要求以及本学科发展的最新动向。

本书可供高等院校有关专业的高年级学生及相应专业的工程技术人员学习和参考。

图书在版编目(CIP)数据

实验流体力学基础/高永卫，孟宣市，肖春生编. —西安：西北工业大学出版社，2011.3
ISBN 978-7-5612-3043-5

Ⅰ.①实… Ⅱ.①高… ②孟… ③肖… Ⅲ.①流体力学—实验 Ⅳ.O35-33

中国版本图书馆CIP数据核字(2011)第037632号

出版发行：西北工业大学出版社
通信地址：西安市友谊西路127号 **邮编**：710072
电 话：(029)88493844 88491757
网 址：www.nwpup.com
印 刷 者：陕西兴平报社印刷厂
开 本：787 mm×1 092 mm 1/16
印 张：7.25
字 数：172千字
版 次：2011年3月第2版 2011年3月第1次印刷
定 价：18.00元

前　言

本书是西北工业大学“十二五”规划教材，是为流体力学及相关专业的初学者在短时间内入门而编写的。

随着教育改革的进一步深入，要求学生的专业基础要牢、知识面要宽，这样学生每门专业课的学时数就会相当有限。专业课的学时一般在30学时左右。在如此短的时间内让学生掌握太多的专业知识是不可能的。因此，本书力求既重点突出又较系统完整。本书主要介绍流体的基本性质、相似理论、误差理论、流体力学的基本设备和基本方法，以及实验流体力学的最新发展。内容深入浅出，可在较短的时间内使初学者了解实验流体力学中最基本的理论、方法和最新发展，为以后的学习和工作奠定良好的基础。

本书共分7章，第一章、第二章由高永卫编写，第三章至第五章由孟宣市编写，第六章、第七章以及附录由肖春生编写。全书由高永卫统稿。书中的插图主要由孟宣市绘制。

本书是在学习和借鉴了大量有关文献资料的基础上编写的。在成书的过程中得到了西北工业大学教务处和出版社有关领导和专家的支持与指导，在这里编者对他们和资料的提供者表示衷心的感谢。

由于水平有限，书中的错误和不当之处在所难免，恳请各方面的专家学者批评指正。

编　者

2010年10月

目　录

第一章　绪　论

学习本章后应掌握的内容：

(1)科学实验的定义和基本特点。

(2)实验中应遵循的基本原则。

(3)实验研究内容、仪器和设备的分类。

(4)实验流体力学的研究内容和意义。

科学实验是迷人的。

罗姆·哈勒(英)在《伟大的科学实验》一书的开始就说到："科学实验的迷人之处是多方面的，单是实验设备就具有一种特殊的魅力。"他道出了许多从事实验研究人员的心声。科学实验的确是很迷人的，当电流表显示出看不见的电流在通过，或一种液体突然间变成棉花一样的固体时，会感觉到一种强大的自然力量，一种服从意志的强大的自然力量。或许正是这种感觉，会使我们终身从事科学实验研究。

科学实验除了具有极大的魅力之外，更重要的是，它是探索证明实际知识的严密方法和可靠基础。20 世纪最伟大的科学家爱因斯坦曾经说过一句非常有名的话，"一个漂亮的实验往往比从我们头脑中想出来的 20 个公式更有价值。"现代力学问题，就其总体来说，能列出方程给出分析公式的是少数，而能列出方程并给出边界条件和初始条件，给出计算公式并得出精确解的更是少数。因此，客观上科学实验仍然是解决多数力学问题的主要方法。

一、什么是科学实验

马克思指出："物理学者考察自然过程，就是要在它表现得最为精密准确并且最少受扰乱影响的地方进行考察；或者在可能的时候，在各种条件保证过程纯粹进行的地方进行实验。"也就是说，科学实验是指人们根据研究的目的，利用科学仪器和设备，人为地控制或模拟自然现象(指自然科学实验)，排除干扰，突出主要因素，在有利于研究的条件下探索自然规律的认识活动。

科学实验最基本的特点是两个：目的性和干预性。

目的性是指实验要有明确的目的。没有目的的实验是没有意义的。需要强调的是，实验者必须有精确的概念体系来认识、区别和描述他的实验过程与结论。实验者必须要有较高的理论素养，要对实验过程和结果有足够的预计，做到有目的地进行实验，否则实验就没有任何意义。

干预性是指实验者要积极干预自然过程。几乎所有自然现象发生的过程都同时有许多过程和力量在起作用。绝大多数自然现象都是多种原因共同造成的。为了理解自然过程，如果可能的话，人们希望对每个原因所影响的过程进行单独研究。实验家常常把自己的活动说成是隔离和控制自变因素和因变因素。仅仅对自然现象进行观察和分析而不进行主动干预的研究活动不能称为实验。

二、自变因素、因变因素和参数

自变因素就是实验者在实验中直接控制的因素。因变因素是指受自变因素影响而相应变化的因素。例如，厨师控制掺入菜肴里食盐的数量（自变因素），以此可以影响就餐者的饮水量（因变因素）。但是自然界中几乎没有这么简单的、只通过一个自变因素就可控制的过程。

在经过精心设计的实验中可以做到，除了供研究的自变因素和因变因素以外，把其他因素保持不变。这种不变因素常称为“参数”。通过参数可以确定可变因素变化的环境条件。确定参数需要实验者有一定的技巧。例如，在测量空气弹性的实验中，波义耳和胡克保持集气室的空气温度不变；而稍后的实验家，如阿马加特和安德鲁斯在重新进行这一实验时，却选择了另一些不同的温度，并发现用不同参数值可得出不同定律。

三、实验研究的问题

实验研究的问题可分为以下三大类：

(1)把不同条件下的某些可变特性测量出来，从而建立某种定律。这是一类研究中最常见的实验问题。为了得出波义耳定律而进行的一系列实验就是这类研究的例子。在这类研究中，只要扩大控制范围就很容易找到相应的定律能够成立的极限。如果要问，当压力很高，或温度很低，或气体密度比普通空气密度大得多的时候，波义耳定律还能继续有效吗？只要扩大相应的自变量的范围，就可以找到答案。

(2)试图把考察中已发现的物质结构和有关的作用过程联系起来。也可以说考察业已存在的物质构造起什么作用。内赫米亚·格鲁发现树干构造中充满连续不断的液体导管，赫尔斯正是在考察这些液体导管的作用时发现了植物液体循环。

(3)检验理论或验证设计。这类实验用以揭示现实世界中尚未发现的物质，或发现设计中存在的问题等。比如新设计的飞机在设计、定形过程中进行的大量风洞实验即属于此类实验。

四、仪器和设备

实验仪器和设备可以分成三大类：一是测量仪器，如钟表、计量仪、刻度尺等；二是扩大人的感觉能力的仪器，如显微镜、望远镜、放大镜、透视镜等；三是使实验者能够把所要研究的效应和可能的原因进行隔离的设备，这通常是重要的一类。

需要指出的是，测量和扩大感觉能力的仪器设备，在设计和使用时，都与某些科学假设和信念有关。例如，测量金属棒长度的刻度尺，当读取金属棒长度的测量结果时，就得做一系列的物理假设。首先得假设金属棒端头和判断的刻度是准确相符的，而用眼睛进行判读时，又得假设光线从光源是以直线方式射入眼睛的。其次，如果测量操作要求尺子运动，那就需要做更深奥的假设了。比如，当尺子是在沿着物体边缘的运动中进行时，就得假设尺子既不增长，也不缩短。这看来似乎很明显，但是如果以运动的测量仪器测量相对静止的物体，那么事实已经证明，我们的一般感觉是错误的。测量仪器在运动中测量相对静止的物体时，测量仪器顺其运动方向上就“缩短”了，而被测物体就显得比用相对静止的测量仪器测出来的要长一些。这就要用很微妙的物理学来修正这种误差。测量中要用到的假设还很多，这里就不一一列举了。

比测量和扩大感觉能力的仪器更为重要的是隔离设备。它的作用是使每一个影响或趋势都能够单独进行研究。怎样才能做到这样呢？要建立一套这样的设备，实际上就是要创造一个隔离环境。在建造设备时，把外界环境简化，使研究对象能够控制。设备的布置要使所有的外界影响不是被排除，就是可以被控制，作为参数保持不变。米切尔森和莫利在测量光的速度时把他们的设备浮在水银池里，就是为了隔绝克里兰城市产生的振动干扰。有时也需要使外界的影响受到控制，使其对设备产生的影响保持不变。例如，波义耳和胡克在提高密闭空气压力的过程中，空气温度会升高，但他们总是使它重新冷却到室内温度。他们虽然不能消除温度的影响，但通过保持温度不变，可以假设其影响也不变。

五、实验研究中应遵循的几个原则

为了能更好地进行研究，为了使研究成果能被人们认识和认可，为认识世界和改造世界做出贡献，实验研究中应遵循的原则也有很多。对于初学者，本书强调三个原则：条件性、精准性和再现性。

条件性原则一方面是指实验研究中要尽可能地注意到使作为研究基础成立的所有前提条件。比如作为研究基础的某理论成立的前提条件，研究者要非常清楚，如果研究时该前提条件不存在，则该理论不能作为研究的基础。条件性原则的另一方面是指研究者应尽量全面详细地记录研究时的各种环境条件。例如，当时的大气温度、湿度、压力等，以保证实验过程纯粹进行。这样做还有一个好处就是，日后自己或别人进行相关的研究时，资料会比较齐全。仅通过研究这样的资料就可以减少很多无谓的重复，而且还可能有意想不到的发现。

精准性原则一方面是指研究者要尽量追求高的精准性。如果测量一个人的身高，其结果是此人身高(1.8±1.0)m，这样的结果恐怕是没有什么实际意义的。另一方面是指研究者也要清楚，即使再精益求精，研究结果总会有一定误差的。认识到这一点，遇到相同的实验却有不完全相同的结果时，就会仔细分析差异是否合理，而不会不知所措。还有，因为研究总是会有误差的，所以只要误差在合理的范围之内，就没有必要再浪费大量的人力、物力去追求过高的精准性。

再现性原则是指要让别人认可你的研究结果，首要条件是别人在你所提供的条件下，也同样能再现你的实验结果。这一点很重要，不可再现的实验结果是无法得到公认的。为了能够使别人再现你的结果，你就得注意前面提到的条件性原则，必须全面、详细、准确地提供研究时的条件。另外，精准性原则告诉我们，再现并不是绝对重复，只要差异在合理的范围之内，就可认为实验结果已经再现了。因此，条件性原则和精准性原则是再现性原则的基础。

六、实验流体力学

实验流体力学是研究流体力学实验的基本理论、实验设备、实验方法和实验数据修正与处理的一门流体力学学科分支。

流体力学实验是科学实验。它研究的内容涉及科学实验研究问题的各个方面。

通过流体力学实验可以揭示流体和流动的特性及本质，发现新的现象，从而开拓流体力学研究的领域。流体力学中各种复杂物理现象大都是首先通过实验逐步认识的。例如，附面层的存在及其特性、紊流结构等都是在实验研究的基础上发展起来的。

通过流体力学实验可以建立流体力学定律，指导研究与应用。1738 年，伯努利 · D

(1700—1782 年)在对容器口出流与变截面管道流动进行了广泛深入的观察与仔细的测量以后,提出了定常、无黏性、不可压缩流动的伯努利定理。1742 年,其父伯努利·J(1667—1749 年)加以完善并将其推广至非定常情况。1757 年,欧拉又将其推广至可压缩情况,并导出沿流线的伯努利方程。可见,应用非常广泛的伯努利方程首先是建立在实验的基础上的。

通过流体力学实验可以检验理论、验证设计或为设计提供原始数据。例如,在飞机研制和改型过程中,只有把理论计算与实验密切地结合起来,才能全面地解决各种复杂的空气动力学问题。通常的做法是先根据已有的理论结果和实验结果,结合具体要求进行计算,为研制和改型指出方向,定出几种初步方案。然后再通过空气动力实验取得各种情况下的大量数据。接下来对数据进行分析、比较。最后根据实验结果将飞机定型。这样做主要是由于飞机外形和流动现象都比较复杂,可靠的空气动力数据只能从实验中得到。

可以看出,实验为整个流体力学的建立、发展和应用都起着重要的作用。

实验流体力学领域要用到很多独特的设备、仪器和实验方法。在实验设备方面有风洞、水洞、水槽、旋臂机、火箭车等。在仪器方面有激光测速仪、红外测速仪、热线热膜测速仪、风速管、气动力天平、压力检测系统、温度检测系统等。实验方法方面主要有测力法、表面压力测量法、流场测量法和流动显示法。详细的介绍参见后面的章节。

作为入门教材,本书仅介绍实验流体力学中最基础、最常用的一些内容,使读者能够在较短的时间里对实验和实验流体力学有一个较为清晰的认识,使初学者能够打下一个较好的基础。对于一些很专门的内容,本书后附有参考文献,读者可以根据需要去查阅。为了能够更好地掌握本书的内容,读者应重视动手实验的机会,多去实验室,勤动手、勤思考。相信通过认真的学习,读者会对实验流体力学产生浓厚的兴趣,并对今后的学习和工作有所裨益。

思 考 题

1. 什么样的认识活动是科学实验?其特点是什么?
2. 实验中遵循的基本原则有哪些?
3. 实验研究内容和仪器、设备的分类如何?
4. 实验流体力学的研究内容和意义是什么?
5. 怎样才能学好实验流体力学这门实验技术基础课?

第二章　流体的基本性质

学习本章后应掌握的内容：

(1)流体静力学方面的基本特性，包括连续介质的概念，流体压强、温度和密度的定义，压缩性与声速的关系等。

(2)流体动力学方面的基本特性，包括流体黏性、层流与紊流、边界层、分离等的概念和特点，连续方程和动量方程等流动遵循的基本规律。

要进行有目的的流体力学实验研究就必须对流体的基本特性有所了解。下面将结合典型实验对流体最基本的特性作简要回顾。通过典型实验不仅可以加深对流体特性的认识，更重要的是可以从中学到如何用实验进行科学研究。

第一节　流体静力学方面的基本特性

一、连续介质的概念

所谓连续介质的概念是把介质看成是连绵一片的流体，假设介质所占据的空间里到处都密布了这种介质，而不再有空隙。采用连续介质假设后，不仅给描述流体的物理属性和流动状态带来了很大的方便，更重要的是，为采用强有力的数学工具进行理论研究提供了可能性。

二、密度、温度与压强

流体的密度 ρ 是指流体所占空间内、单位体积中包含的质量。如流体的质量为 m，占有的体积为 V，则 $\rho=m/V$，单位是 kg/m^3。

流体的温度 T 是流体分子运动剧烈程度的指标，热力学单位是 K。以 K 为单位的 T 与以℃ 为单位的摄氏温度 t 的关系是 $T=273.15+t$。

流体的压强 p 是指作用在单位面积上且方向垂直于此面积(沿内法线方向）的力，俗称压力，单位是 Pa。

气体的 ρ，T 和 p 三个参数称为气体的状态参数。通过实验，它们之间有下列关系存在，即

$$p=\rho RT \tag{2-1}$$

式(2－1) 常称为气体的状态方程。式中，R 称为气体常数，单位是 J/(kg · K)。当 $p=1.013\,2\times10^5$ Pa，$T=293.15$K 时，空气的 $R=286.8$J/(kg · K)。每种单一的气体各有其气体常数值。空气是一种混合气，这个常数是根据其各组成成分所占的质量分数算出来的。如果组分改变了，这个常数就不能用了。在低层大气内，如果不遇到十分高的温度，没有离解现象发生的话，这个值都是可以用的。

三、流体的可压缩性与声速

流体的可压缩性是指当压力或温度变化时流体改变自己的体积或密度的性质（也称弹性）。液体对这种变化的反应很小，因此一般认为液体是不可压缩的。即液体是ρ等于常数的流体。气体对这种变化的反应都很大，因此，一般来讲气体是可压缩的流体。

声速a是指声波在流体中传播的速度，单位是m/s。

流体的可压缩性越大，声速越小；流体的可压缩性越小，声速越大。实验表明，在水中的声速大约为1 440m/s（大约5 200km/h）。而在海平面标准状态下，空气中的声速仅为341m/s（1 227km/h）。在完全不可压缩流体中，声速将趋于无限大。

第二节　流体动力学方面的特性

一、黏性

众所周知，摩擦有两种，即外摩擦和内摩擦。一个固体在另一固体上滑动时产生的摩擦叫外摩擦，而同一种流体相邻流动层之间发生滑动时产生的摩擦叫内摩擦，也称为流体的黏性。

典型实验：关于液体黏滞性的库仑实验。

(1) 取三个固体圆盘。三者的表面光滑程度不同，分别是普通表面、光滑表面（在普通表面涂蜡并抛光）和粗糙表面（将普通表面用细砂纸打毛）。将三者分别置于如图2-1所示的容器中，转动圆盘并放开让其自由地逐渐停止。实验中除了三者的表面光滑程度不同以外，其余均相同。试问三者的衰减时间哪一个最长？哪一个最短？

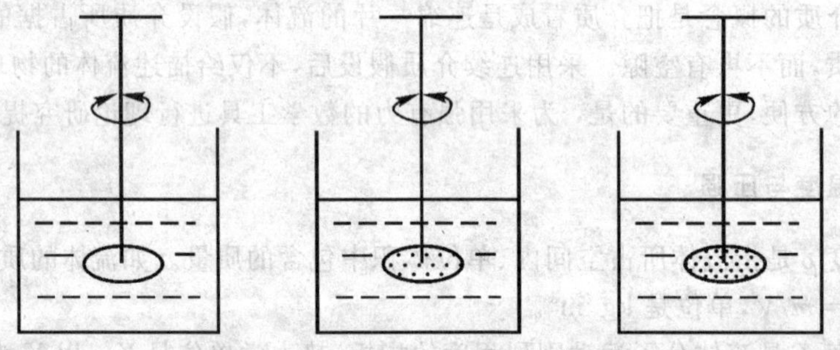

图2-1　关于液体黏性的库仑实验

实验结果是三者的衰减时间相同。

究其原因，在这个实验中，使圆盘停下来的摩擦力不是液体与固体的外摩擦力，而是液体内部的内摩擦力。因为在固体表面的液体总是黏附在固体表面的，它与固体表面没有相对运动（这叫做黏附性条件），所以衰减时间与固体表面的光滑程度无关。

(2) 将上述实验中圆盘在液体中的深度增加，并使三者所处的压力增加不同的值。那么不同压力条件下情况又会怎样呢？

实验结果是三者的衰减时间仍然相同。这表明衰减时间与深度无关，也就是说黏性与压力无关。

这是流体黏性方面两个很重要的特点。

单位面积上的摩擦力称为摩擦应力，记为 τ。牛顿提出，流体内部的摩擦应力 τ 和速度梯度 $\frac{du}{dn}$ 的关系为

$$\tau \propto \frac{du}{dn} \tag{2-2}$$

比例常数记为 μ，则

$$\tau = \mu \frac{du}{dn} \tag{2-3}$$

式(2-3)称为牛顿黏性定律。式中，μ 称为黏性系数。不同的介质 μ 值各不相同；同一种介质的 μ 值随温度变化而和压强基本无关。

应该指出，气体和液体产生黏性的物理原因是不同的。随着流体温度的升高，气体的 μ 值将增加，但液体的 μ 值反而减小。对气体来讲，相邻流动层相互滑动产生摩擦的物理原因是气体分子有横向动量交换，流动速度较快的一层气体中的分子，跳入速度较慢的一层气体中时，有拖快该层使其加速的作用；反之，流动速度较慢的一层气体中的分子跳入速度较快的一层气体中，则有拖慢该层使其减速的作用。因此在两滑动层间出现了相互牵动、阻止相互滑动的作用。温度升高，分子间的这种横向动量交换也加剧，故黏性系数增大也就不难理解了。而液体产生黏性的物理原因主要来自相邻流动层分子间的内聚力，随着温度升高，液体分子热运动加剧，液体分子间距离变大，分子间的内聚力将随之减小，故 μ 值减小。因此，采用管道来运输液体(如石油)时，对液体加温(特别是在寒冷地区的冬季)可以收到减小流动损失、节省能耗的效果。

二、层流与紊流

典型实验：关于圆管内流体流动的雷诺实验(见图 2-2)。

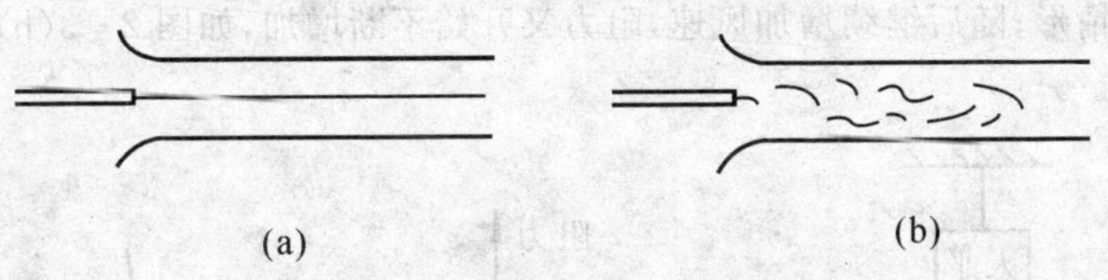

图 2-2　雷诺管流实验示意图

雷诺(Reynolds)1883 年在圆管流动的实验中用针管在流动中引入染色剂。在圆管中水流速度不大时，色水从头到尾保持一条清晰的线。这说明，管中的水流在流动的过程中是分层而各不相扰的，其中分子扩散起主要作用，这种流动称为层流。在流速大到一定程度以后，这条色水只能维持很短的一段，往下流，便会突然一下子散开来，而不再是一条线了。这说明流体微团除了有纵向(即管轴线方向)的流速之外，还有不规则的横向速度，结果把各层的流体搅混了。这种流动称为紊流。紊流中涡的扩散起主要作用。

雷诺实验使我们看到了层流和紊流，但雷诺的研究并没有到此为止，他继续取不同的管径和不同的流速进行系统的研究。实验研究发现，层流向紊流的突然转变，不只取决于流速，而是取决于一个组合参数

$$Re = \frac{\rho v D}{\mu} \tag{2-4}$$

式中 Re—— 雷诺数；

ρ—— 液体的密度；

v—— 流速；

D—— 圆管直径。

这个实验值得注意的是，它不仅将层流流动和紊流流动直观地显示给我们，更重要的是，它提出了一个无因次参数 Re 数。虽然圆管流动的图画与介质的密度、流速以及圆管的直径都有关系，但只要 Re 保持不变，其流动图画就不变。显然用 Re 数的大小来表征圆管流动比分别用 ρ, v, D 来描述更简单、更有意义。这种用无因次参数描述流动的方法以后我们会经常用到，它可以大大简化研究过程，对实验研究有着非常重要的意义。

实际上，除雷诺数之外，还有一些因素可以促使层流转变为紊流。如管壁的粗糙度，越粗糙越容易转变为紊流；还有圆管的入口形状，如果形状不圆滑的话，也容易使流动转变为紊流。实验发现这个转变的雷诺数有一个范围，低的可以到 2 000，即雷诺数一旦大过 2 000，层流就变为紊流了；高的可以到 13 000，即雷诺数要大过 13 000 才会转变为紊流。用十分光滑的管壁，入口喇叭口的形状也特别圆滑，实验曾做到雷诺数 40 000 仍是层流，超过 40 000 才转变为紊流。但 2 000 却是最低的转变雷诺数了，再低，层流是很稳定的，不论壁管多么粗糙，流动都不会变为紊流。

三、层流边界层、紊流边界层与分离

典型实验：圆球实验。

将一个光滑圆球置于匀直气流当中测其所受阻力，如图 2-3(a) 所示。开始时，随着气流速度的增加，阻力也随着增加；继续增加流速，流速达到某一特定值，阻力会突然下降很多甚至低于小风速时的情形；随后继续增加风速，阻力又开始不断增加，如图 2-3(b) 所示。

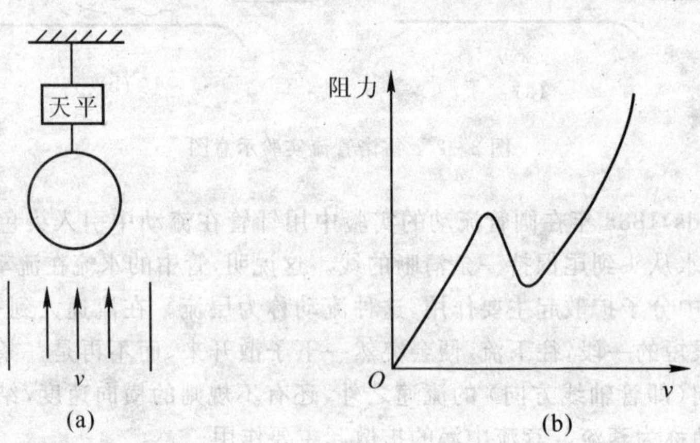

图 2-3　圆球阻力实验示意图

为什么风速增加到某一值圆球所受阻力会突然下降呢？

为了解释这个现象，首先要介绍边界层和分离的概念。

由于流体有黏附性条件以及黏性的作用，在流体流过物体表面时，流体会黏附在物体表面，这部分流体与物面的相对速度为零。沿物面法向向外，气流速度会逐渐由零一点点变大，在离物面一定距离时，流速才与来流没有显著的差别。这个从零速度到主流速度的过渡空间就叫做边界层。边界层中的流态有两种：层流与紊流。

分离是指流体的流动不再沿物面的流动。分离后的流体压强等于分离点的压强。

圆球所受阻力包括摩擦阻力和压差阻力。在这个问题中，压差阻力是主要的。当速度小（雷诺数较低）时，圆球表面上的边界层为层流型。层流边界层分离点靠前，压差阻力较大。随着速度（雷诺数）的增加，层流边界层在球面上某处转捩为紊流边界层。而紊流边界层不易分离，分离点靠后，因此压差阻力比较小。可以看出是雷诺数的变化使得边界层的性质变化，从而引起分离点的移动，才使得圆球阻力发生上述变化。还可以看出，边界层的性质对流动的影响有时是非常大的。实际上，边界层的性质受到很多因素的影响，它至今仍是人们研究的重点之一。

四、流体流动的基本规律

流体绕物体流动时的各个物理量，比如速度、压力和温度都会发生变化。这些变化都必须遵循一些最基本的物理方程，比如连续方程和动量方程。

1. 连续方程

根据质量守恒定律，通过同一流管各横截面的质量流量必须相等，即满足

$$\rho_1 v_1 A_1 = \rho_2 v_2 A_2 = \rho_3 v_3 A_3 \tag{2-5}$$

式中，ρ, v, A 分别为密度、速度和流管横截面积；下标1，2，3分别代表不同的横截面。式(2-5)称为可压缩流体沿流管的连续方程。对于不可压缩流体，$\rho_1 = \rho_2 = \rho_3 =$ 常数，则式(2-5)变为

$$v_1 A_1 = v_2 A_2 = v_3 A_3 \tag{2-6}$$

由式(2-6)可知，对于不可压缩流体来讲，流管横截面积变小，平均流速必然增大；反之，流管横截面积变大，平均流速必然减小。对于可压缩流体，由式(2-5)可以看出，在流动过程中流体的密度会发生变化，因此速度的变化是很难直观地判别的。因此，可压缩流体的流动要比不可压缩的复杂得多。

2. 动量方程

微分形式的动量方程又名欧拉方程，或运动方程。欧拉方程是在不计流体黏性的前提下推导的。

设某流体的密度为 ρ，中心点压强为 p，中心点的彻体力的三个分量是 f_x, f_y, f_z，这些都是单位质量的彻体力，它们也都是坐标的函数。再设微元的速度分量分别为 v_x, v_y, v_z，则不计黏性的动量方程为

$$\left.\begin{aligned}
\frac{\partial v_x}{\partial t} + v_x \frac{\partial v_x}{\partial x} + v_y \frac{\partial v_x}{\partial y} + v_z \frac{\partial v_x}{\partial z} &= -\frac{1}{\rho}\frac{\partial p}{\partial x} + f_x \\
\frac{\partial v_y}{\partial t} + v_x \frac{\partial v_y}{\partial x} + v_y \frac{\partial v_y}{\partial y} + v_z \frac{\partial v_y}{\partial z} &= -\frac{1}{\rho}\frac{\partial p}{\partial y} + f_y \\
\frac{\partial v_z}{\partial t} + v_x \frac{\partial v_z}{\partial x} + v_y \frac{\partial v_z}{\partial y} + v_z \frac{\partial v_z}{\partial z} &= -\frac{1}{\rho}\frac{\partial p}{\partial z} + f_z
\end{aligned}\right\} \tag{2-7}$$

$$\left.\begin{aligned}\frac{\partial p}{\partial x}=\rho f_x-\rho\left[\frac{\partial v_x}{\partial t}+v_x\frac{\partial v_x}{\partial x}+v_y\frac{\partial v_x}{\partial y}+v_z\frac{\partial v_x}{\partial z}\right]\\\frac{\partial p}{\partial y}=\rho f_y-\rho\left[\frac{\partial v_y}{\partial t}+v_x\frac{\partial v_y}{\partial x}+v_y\frac{\partial v_y}{\partial y}+v_z\frac{\partial v_y}{\partial z}\right]\\\frac{\partial p}{\partial z}=\rho f_z-\rho\left[\frac{\partial v_z}{\partial t}+v_x\frac{\partial v_z}{\partial x}+v_y\frac{\partial v_z}{\partial y}+v_z\frac{\partial v_z}{\partial z}\right]\end{aligned}\right\}\tag{2-8}$$

由式(2-8)可以看出流体中压强的变化取决于速度的变化和彻体力的存在，而且这两个使压强产生变化的因素是彼此独立的。

若流动是无旋的，那就有速度位 ϕ 存在。再假设彻体力有位 Ω，即

$$\frac{\partial\Omega}{\partial x}=f_x\tag{2-9a}$$

$$\frac{\partial\Omega}{\partial y}=f_y\tag{2-9b}$$

$$\frac{\partial\Omega}{\partial z}=f_z\tag{2-9c}$$

则可得到积分形式的动量方程(无黏)。

(1) 对于不可压缩($\rho=$常数) 的定常流$\frac{\partial\phi}{\partial t}=0$ 有

$$\frac{p}{\rho}+\frac{v^2}{2}+\Omega=C\tag{2-10}$$

(2) 对于气体，彻体力只限于重力的话，可略去，则有

$$p+\frac{\rho}{2}v^2=C\tag{2-11}$$

这就是在低速气流中经常使用的伯努利公式。p 是静压，$\frac{1}{2}\rho v^2$ 是动压，C 是总压，常写作 p_0。式(2-10) 可写为

$$p_0=p+\frac{1}{2}\rho v^2\tag{2-12}$$

值得提出的是，$\frac{1}{2}\rho v^2$ 被称为动压，在低速不可压缩流动中总压等于静压与动压之和。但在可压缩流动中总压计算公式为

$$p_0=p\left(1+\frac{\gamma-1}{2}Ma^2\right)^{\frac{\gamma}{\gamma-1}}\tag{2-11}$$

式中　Ma—— 当地马赫数；

γ—— 比热比，对空气通常 $\gamma=1.4$。

可见，在可压缩流动中总压不等于动压与静压之和。

3. 伯努利方程的应用

1799 年，文丘里 · G · B(1746—1822 年) 在使用变截面直管道时，发现最小截面处的压强急剧下降，并可将该处垂直旁管内的液体吸吮上升，以后人们称这种收缩-扩散变截面管道为文丘里管。1888 年赫谢尔 · C 将文丘里管用于测量液体流量。这是不可压缩伯努利方程很典型的应用。

在低速风洞中为了控制实验段的风速常常采用落差法，这也是伯努利方程的典型应用。

首先在风洞标定时，在实验段安装标准风速管。在静流段（横截面积较大）取静压 p_1，在收缩段出口（横截面积较小）取静压 p_2。由伯努利方程知 $p_1 > p_2$。根据标定时$(p_1 - p_2)$与标准风速管测出实验段风速的对应关系，在实验中，只要控制了$(p_1 - p_2)$，就可以控制实验段的风速，不需要在实验段安装风速管，从而可以避免风速管对流场的干扰。

以上介绍的都是最基本的流体特性，希望初学者一定要牢固掌握。实际上流体流动还有许多重要的特性和规律，如可压缩流动、超声速流动等，限于篇幅这里就不再一一介绍。

思考题

1. 解释并深刻理解连续介质的概念以及流体压强、温度和密度的定义。
2. 流体的压缩性与声速的关系是怎样的？
3. 理解并牢记流体黏性、层流与紊流、边界层、分离等概念和特点。
4. 流动遵循的基本方程有哪些？

第三章　相似理论

学习本章后应掌握的内容：

(1) 相似的有关概念，包括单值条件、单值条件相似、物理现象相似和流场相似。

(2) 量纲的基本概念，包括量、量纲、单位、基本量、基本量纲、基本单位和导出量、导出量纲、导出单位，物理方程的量纲一致性原理，基本量的判别方法。

(3) 相似准则的定义和导出。

(4) 相似定理和 Π 定理。

(5) 相似理论对实验研究的指导意义和应用。

在研究某种机械的性能或自然现象的机理时，最可靠的方法是对实物进行实验。但是，在很多情况下用实物来进行实验不仅代价昂贵，并且是难以进行的，甚至是不可能进行的。例如，在航天领域中的航天飞机、登月舱等的性能就很难用实物进行实验。飞机、舰船等大型机械虽然可以用实物进行实验，但代价过于昂贵。故这些领域中，在设计阶段，为了避免差错，模型实验的应用愈来愈广泛。

模型的含义极其广泛。在科学实验中所指的模型是指那些用来实现现象相似的模型。在用这样的相似模型进行的实验中，能够再现原来现象的本质。也就是说，可以用比较简便、迅速的方法相似地再现实物在实际过程中发生的现象。

事实上，很多现象必须通过模型实验来再现事物的本质。例如，对于很长的大桥的振动，实物太大，难于进行实验。再如，宇宙飞船的实物实验是很困难的，其问题是难于在实验室内建立与实物相同的环境。另外，有些变化非常缓慢的过程，如地壳中水的渗透、潮汐现象等，只有采用模型实验来缩短变化过程的时间才能加以系统地研究。

但是，并不是所有的物理现象都适于进行模型实验。比如，需要人来判断的现象，生物学的、医学的或者是生物化学的现象是不适合进行模型实验的。又如，必须采用统计学方法处理的现象，不能再现的现象以及不能定量研究的现象都不适宜用模型进行实验。

如上所述，对于原来的实物现象过大、变化过程太慢、实物实验的费用太昂贵或难于控制的现象，往往广泛地用相似模型来进行实验，以得到实物现象的相似再现。

要用模型来进行实验研究，就必须符合相似理论的要求。相似理论对模型实验有着极其重要的指导意义。下面介绍相似理论的基本内容。

第一节　相似与相似定理

一、相似的基本概念

1. 单值条件

要能把一个个别的物理现象从该类物理现象中区分开来，必须具有相应的基本条件，这些基本条件称为单值条件。单值条件有以下几类：

(1) 物性条件：物体的状态和性质，如空气的黏性系数 μ，热导率 λ 等。

(2) 几何条件：发生现象的空间几何形状和大小。

(3) 时间条件：现象的初始条件，现象的定常性、非定常性。

(4) 边界条件：同周围介质相互作用的条件，如边界的流动情况和边界的性质等。

2. 单值条件相似

现以几何相似来说明这个问题。几何相似是人们所熟悉的相似现象，如相似三角形、地图、沙盘等。它们的共同特点是，单值条件是长度成比例。如图 3-1 所示，对相似三角形来说，其对应边长度成比例，若 l_1,l_2,l_3 和 l'_1,l'_2,l'_3 是两个相似三角形对应边的长度，则

$$\frac{l_1}{l'_1}=\frac{l_2}{l'_2}=\frac{l_3}{l'_3}$$

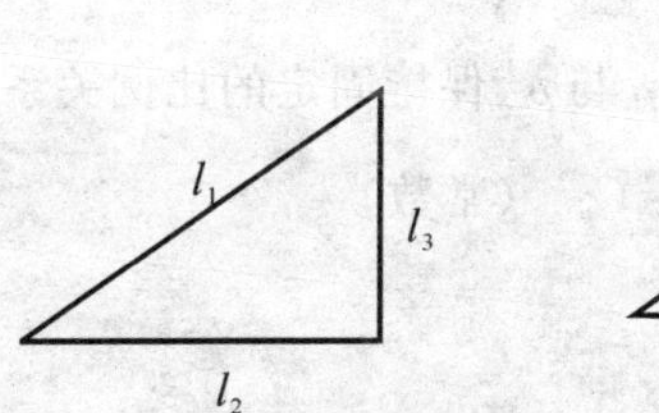

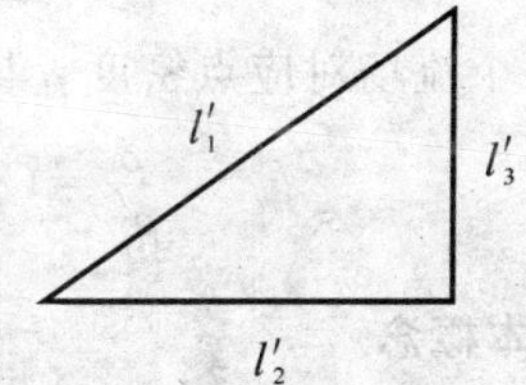

图 3-1　相似三角形

由此可知，单值条件成比例，即保持固定的比例关系，是以上现象相似的重要条件。单值条件成比例称为单值条件相似。

需要说明的是，三角形的边长如果变化，面积则随之变化。面积虽不是单值条件，但对相似三角形来说面积之比等于边长之比的平方，这是相似的必然结果。即相似的现象，其对应的量都是成固定的比例关系的。

研究物理现象相似，虽然要比几何相似复杂，但都是几何相似概念的扩充和发展。

3. 两个物理现象相似

两个同一类物理现象，如果在对应点上对应瞬时所有表征现象的相应物理量都保持各自固定的比例关系(如果是向量，还包括方向相同)，则两个物理现象相似。

4. 两个流场相似

两个流场的对应点上对应瞬时所有表征流动状况的相应物理量都保持各自固定的比例关系(如果是向量，还包括方向相同)，则两个流场相似。

研究两个流场相似是涉及各种参数的综合问题，包括几何参数、运动学参数、动力学参数和热力学参数等。一般情况下，两个流场相似可以用以下几个方面的相似来描述：

（1）几何相似。两个物体，其中一个物体通过均匀变形（每个尺寸都扩大或缩小同一倍数）后能和另一物体完全重合，则称这两个物体几何相似。令 l 和 l' 是两个物体的对应长度，则

$$\frac{l}{l'}=C_l \quad （常数） \tag{3-1}$$

（2）运动相似。两个流场对应点的速度，具有相同的方向，它们的大小保持固定的比例关系。令 v 和 v' 是两个流场对应点的速度，则

$$\frac{v}{v'}=C_v \quad （常数） \tag{3-2}$$

速度相似也就决定了两个几何相似的流场对应点的加速度相似。运动相似，即速度矢量场和加速度矢量场几何相似，流线谱均匀变形后会重合。

（3）动力相似。两个流场对应点上作用的各种力所组成的力多边形是几何相似的。令 F 和 F' 为对应的力，则

$$\frac{F}{F'}=C_F \quad （常数） \tag{3-3}$$

动力相似，即作用力矢量场的几何相似。

（4）热力学相似。两个流场对应点温度 T 和 T' 保持固定的比例关系，即

$$\frac{T}{T'}=C_T \quad （常数） \tag{3-4}$$

（5）质量相似。两个流场对应点密度 ρ 与 ρ' 保持固定的比例关系，即

$$\frac{\rho}{\rho'}=C_\rho \quad （常数） \tag{3-5}$$

二、关于量纲的基本概念

1. 物理量

物理量简称量，是可以定性区别并能定量确定的现象或物体的属性。

2. 基本量与导出量

人们分析了力学现象中各量之间的关系之后发现，力学中绝大多数量都存在着内在的联系，由各种物理定律将它们联系在一起，只要适当地选定出三个量之后，就可以根据描述各量之间关系的物理定律将其他量导出。所选定的这三个物理量称为基本物理量或基本量。或者说，基本量是人为选定的、彼此独立的、可作为其他量基础的一组量的名称。其他的物理量称为导出物理量或导出量。国际单位制采用的量制中的力学基本量是长度、质量和时间。涉及热效应时再增加一个基本量，即热力学温度。

3. 基本单位与导出单位

在一定的单位制中，对最初选定的基本量规定出它们的测量单位，叫做基本单位。导出量的测量单位叫做导出单位。国际单位制中与力学有关的基本单位有长度单位 m、质量单位 kg、时间单位 s、热力学温度单位 K。

4. 量纲

被测量物理量的种类称为该物理量的量纲。同一种类的量，具有相同的量纲。例如某一

长度为 500m，另一长度为 5cm，它们的数量和单位虽不相同，但它们都属于同一种量——长度。量纲只涉及量的种类，没有大小程度的概念。

5. 基本量纲与导出量纲

在一定的量制中，量纲又分为基本量纲和导出量纲，与基本单位和导出单位相对应。基本量纲就是该量制中基本量的量纲。在国际单位制采用的量制中，力学的三个基本量纲是长度、质量和时间，涉及热效应时再增加一个热力学温度。它们的量纲符号分别为 L，M，T 和 Θ。导出量纲，即导出量的量纲，可通过物理定律用基本量纲表示出来。

6. 量纲式和量纲指数

任一物理量的量纲可写成基本量纲的幂的乘积表达式

$$\dim q = L^{\lambda_1} M^{\lambda_2} T^{\lambda_3} \Theta^{\lambda_4} \tag{3-6}$$

式(3-6)称为量纲式或量纲积。式中，q 是任一物理量，前面加上 dim，表示这个量的量纲；λ_1，λ_2，λ_3，λ_4 称为量纲指数。

需要指出以下几点：

(1) 量纲式中没有加减运算。

(2) 导出量的量纲可由基本量纲借助定义或物理定律导出。

(3) 同类量具有相同的量纲，但不同类的量有的也具有相同的量纲，即量纲相同的量不一定是同类量。

7. 有量纲量和无量纲量

一个量的量纲式中，只要有一个量纲指数不为零，则该量为有量纲量。若所有量纲指数都为零，则该量为无量纲量。无量纲量可以是两个同类量的比值，也可以由几个有量纲量通过一定的乘除组合而成。无量纲量不同于纯数字，它仍有物理量的特征和品质。有量纲量随所选用的单位制不同而改变其数值(即与测量单位的比值)，而无量纲量则不会随选用的单位制不同而改变其数值。

8. 物理方程的量纲一致性原理

在正确反映客观规律的物理方程中，因为只有同类的量才存在相加减的问题，所以各项的量纲应该是一致的。此即物理方程的量纲一致性原理。物理方程中各项的量纲一致，与各个物理量所统一选用的单位制无关。根据物理方程的量纲一致原理还可以来校核物理方程和经验公式的正确性和完整性。量纲不一致的物理方程和经验公式是有错误的或是不完整的。

9. 量纲矩阵和基本物理量的判别

设有一组物理量 $q_1, q_2, \cdots, q_k, q_{k+1}, \cdots q_n (k \leqslant n)$，这些物理量中包括了 k 个基本量纲：G_1，$G_2, \cdots, G_k$，则任一物理量 $q_m (m=1, \cdots, n)$ 的量纲可写为

$$\dim q_m = G_1^{C_{1m}} G_2^{C_{2m}} \cdots G_k^{C_{km}} \tag{3-7}$$

即

$$\left.\begin{aligned} \dim q_1 &= G_1^{C_{11}} G_2^{C_{21}} \cdots G_k^{C_{k1}} \\ \dim q_2 &= G_1^{C_{12}} G_2^{C_{22}} \cdots G_k^{C_{k2}} \\ &\cdots\cdots \\ \dim q_n &= G_1^{C_{1n}} G_2^{C_{2n}} \cdots G_k^{C_{kn}} \end{aligned}\right\} \tag{3-8}$$

通常把上列量纲公式中的量纲指数排列成如下形式：

$$
\begin{array}{c|cccc}
 & q_1 & q_2 & \cdots & q_n \\
\hline
G_1 & C_{11} & C_{12} & \cdots & C_{1n} \\
G_2 & C_{12} & C_{22} & \cdots & C_{2n} \\
\vdots & \vdots & & & \vdots \\
G_k & C_{1k} & C_{k2} & \cdots & C_{kn}
\end{array} \tag{3-9}
$$

这种排列形式，叫做量纲矩阵。

基本物理量的选取不是唯一的。除了国际单位制中选定的基本物理量外，还可以有很多种选择。只要这组量能同时满足下面两个条件：

首先，在研究的物理现象中如果有 $q_1, q_2, \cdots, q_k, q_{k+1}, \cdots q_n (k \leqslant n)$ 这 n 个物理量，其中任何一个物理量 $q_m (m=1, \cdots, n)$ 的量纲都可以由所选的基本物理量的幂的乘积表示，即满足下式：

$$
\dim q_m = \dim(q_1^{\lambda_{1m}} q_2^{\lambda_{2m}} \cdots q_k^{\lambda_{km}}) \tag{3-10}
$$

式中，$m=1,2,\cdots,n, q_1, q_2, \cdots, q_k$ 为所选的 k 的基本量。

其次，所选的基本物理量中的任一个基本物理量不可能由其余的基本物理量的幂的乘积表示。也就是说，不可能由所选的基本物理量自身组合成一个无量纲量。即不可能存在下式：

$$
\dim(q_1^{\beta_1} q_2^{\beta_2} \cdots q_k^{\beta_k}) = G_1^0 G_2^0 \cdots G_k^0 \tag{3-11}
$$

式中，$\beta_1, \beta_2, \cdots, \beta_k$ 不同时为零；$q_1, q_2, \cdots, q_k$ 为所选的基本量；$G_1, G_2, \cdots, G_k$ 为 $q_1, q_2, \cdots, q_k$ 中存在的国际单位制中选取的基本量纲。

根据上述的基本物理量应同时满足的两个条件，可导出判别基本物理量的具体方法。

将式(3-7)代入式(3-10)，按相同量纲归并指数后得到下式：

$$
\left.\begin{aligned}
C_{11}\lambda_{1m} + C_{12}\lambda_{2m} + \cdots + C_{1k}\lambda_{km} &= C_{1m} \\
C_{21}\lambda_{1m} + C_{22}\lambda_{2m} + \cdots + C_{2k}\lambda_{km} &= C_{2m} \\
\cdots\cdots & \\
C_{k1}\lambda_{1m} + C_{k2}\lambda_{2m} + \cdots + C_{kk}\lambda_{km} &= C_{km}
\end{aligned}\right\} \tag{3-12}
$$

方程式(3-12)中 $\lambda_{1m}, \lambda_{2m}, \cdots, \lambda_{km}$ 要有解的充分必要条件是

$$
\begin{vmatrix}
C_{11} & C_{12} & \cdots & C_{1k} \\
C_{21} & C_{22} & \cdots & C_{2k} \\
\vdots & \vdots & & \vdots \\
C_{k1} & C_{k2} & \cdots & C_{kk}
\end{vmatrix} \neq 0 \tag{3-13}
$$

将式(3-8)代入式(3-11)，按相同量纲归并指数得

$$
\left.\begin{aligned}
C_{11}\beta_1 + C_{12}\beta_2 + \cdots + C_{1k}\beta_k &= 0 \\
C_{21}\beta_1 + C_{22}\beta_2 + \cdots + C_{2k}\beta_k &= 0 \\
\cdots\cdots & \\
C_{k1}\beta_1 + C_{k2}\beta_2 + \cdots + C_{kk}\beta_k &= 0
\end{aligned}\right\} \tag{3-14}
$$

若要 $\beta_1, \beta_2, \cdots, \beta_k$ 只有零解，则必须式(3-13)成立。

由此可知，“量纲矩阵中对应的子行列式的值不为零”是选取基本物理量的充分必要条件。顺便指出，一组量中有几个基本量纲就有几个基本量。在一组物理量中符合基本量条件

的量可能不只一组。在流体力学中，通常选取流体密度、流速和物体的特征长度作为基本物理量。

例 3-1　有一组物理量 ρ, v, l 和 μ，试判断 ρ, v, l 可否作为基本物理量。

解　已知

$$\dim\rho = \mathrm{L}^{-3}\mathrm{M}$$
$$\dim v = \mathrm{LT}^{-1}$$
$$\dim l = \mathrm{L}$$
$$\dim\mu = \mathrm{L}^{-1}\mathrm{MT}^{-1}$$

列出量纲矩阵

	ρ	v	l	μ
L	−3	1	1	−1
M	1	0	0	1
T	0	−1	0	−1

由于 ρ, v, l 对应的子行列式的值不等于零，即

$$\begin{vmatrix} -3 & 1 & 1 \\ 1 & 0 & 0 \\ 0 & -1 & 0 \end{vmatrix} \neq 0$$

由此可判定 ρ, v, l 可作为这群物理量的基本物理量。

三、相似准则

能够表征或判定两个现象是否相似的无量纲的量组合称为相似准则。相似准则是无量纲的，由一个或几个量组合而成，它是现象相似的特征和标志，有些还是衡量现象相似与否的判据。在所研究的两个现象中对应的相似准则可能有一个或几个，对于一些复杂的问题可能有十几个甚至更多。例如，本书第二章提到的雷诺数 $Re = \rho v D/\mu$ 即是研究管流流动的一个相似的准则。相似准则又称为相似准数、相似判据、相似模数、相似参数等。相似准则可以由实验、方程分析或量纲分析得到。

例 3-2　一个物体受外力作用而运动，其物理方程为

$$F = m\frac{\mathrm{d}v}{\mathrm{d}t} \tag{3-15}$$

如果另一物体受力运动的现象与其相似，则

$$F = m'\frac{\mathrm{d}v'}{\mathrm{d}t'} \tag{3-16}$$

而且

$$\frac{F}{F'} = C_F,\quad \frac{m}{m'} = C_m,\quad \frac{v}{v'} = C_v,\quad \frac{t}{t'} = C_t \tag{3-17}$$

其中 C_F, C_m, C_v 和 C_t 是比例常数，又称相似常数。将式(3-17)代入式(3-15)可得

$$\frac{C_F C_t}{C_m C_v}F' = m'\frac{\mathrm{d}v'}{\mathrm{d}t'}$$

与式(3-16)相比较，可得相似系数(相似指标)为1，即

$$\frac{C_F C_t}{C_m C_v}=1 \tag{3-18}$$

将式(3-17)代入式(3-18)可得

$$\frac{Ft}{mv}=\frac{F't'}{m'v'}=\text{常数}$$

$Ft/(mv)$ 是无量纲参数，称为牛顿数。它是由几个特征物理量组合而成的，用符号 Ne 表示为

$$Ne=\frac{Ft}{mv}$$

当两个力学现象相似时，其牛顿数必然相同，即

$$Ne=Ne'$$

牛顿数是两个力学现象相似的特征和标志，是相似准则中的一种。在更复杂的物理现象中，相似准则会有若干个，各具有不同的名称。

两个相似现象，在对应点上由一些特征物理量组合而成的无量纲量(即相似准则)是相同的。同名相似准则相同，这是现象相似的特征和标志，有些还是衡量现象相似与否的判据。空气动力学中常见的相似准则有雷诺数 Re、马赫数 Ma、普朗特数 Pr 、比热比 γ、弗劳德数 Fr 和斯特劳哈尔数 Sr 等。由上例可知，应用物理方程导出相似准则的步骤如下：

(1) 列出物理方程；

(2) 列出各物理量成比例的关系式，并代入物理方程；

(3) 得出由相似常数组合而成的相似系数(相似指标)，令其为1，整理可得相似准则。

顺便指出，牛顿数在不同的场合又有一些其他名称。例如，空气动力系数，本质上就是牛顿数。如果模型实验的流场与实物飞行的流场相似，那么两者的空气动力系数(牛顿数)是相同的。模型实验的结果通常都整理成空气动力系数(相似准则)形式，也就不难理解了。

例3-3 由纳维-斯托克斯方程导出相似准则。

解 (1) 列出方程

$$\rho\frac{\partial v_x}{\partial t}+\rho v_x\frac{\partial v_x}{\partial x}+\rho v_y\frac{\partial v_x}{\partial y}=\rho f_x-\frac{\partial p}{\partial x}+\frac{\partial}{\partial x}\left[2\mu\frac{\partial v_x}{\partial x}-\frac{2}{3}\mu\left(\frac{\partial v_x}{\partial x}+\frac{\partial v_y}{\partial y}\right)\right]+\frac{\partial}{\partial y}\left[\mu\left(\frac{\partial v_x}{\partial y}+\frac{\partial v_y}{\partial y}\right)\right] \tag{3-19}$$

(2) 列出相应物理量成比例的关系式

$$\frac{x}{x'}=\frac{y}{y'}=\frac{l}{l'}=C_l,\quad \frac{t}{t'}=C_t,\quad \frac{v_x}{v'_x}=\frac{v_y}{v'_y}=\frac{v}{v'}=\frac{C_l}{C_t}=C_v$$

$$\frac{f_x}{f'_x}=\frac{f_y}{f'_y}=\frac{g}{g'}=C_g,\quad \frac{p}{p'}=C_p,\quad \frac{\rho}{\rho'}=C_\rho,\quad \frac{\mu}{\mu'}=C_\mu$$

代入式(3-19)得

$$\frac{C_\rho C_v}{C_t}\rho'\frac{\partial v'_x}{\partial t'}+\frac{C_\rho C_v^2}{C_l}\left(\rho' v'_x\frac{\partial v'_x}{\partial x'}+\rho' v'_y\frac{\partial v'_x}{\partial y'}\right)=C_\rho C_g\rho' f'_x-\frac{C_p}{C_l}\frac{\partial p'}{\partial x'}+\frac{C_v C_\mu}{C_l^2}\left\{\frac{\partial}{\partial x'}\left[2\mu'\frac{\partial v'_x}{\partial x'}-\frac{2}{3}\mu'\left(\frac{\partial v'_x}{\partial x'}+\frac{\partial v'_y}{\partial y'}\right)\right]+\frac{\partial}{\partial y'}\left[\mu'\left(\frac{\partial v'_x}{\partial y'}+\frac{\partial v'_y}{\partial x'}\right)\right]\right\}$$

等式两边同乘以 $C_l/(C_\rho C_v^2)$ 得

$$\frac{C_l}{C_v C_t}\rho'\frac{\partial v'_x}{\partial t'}+\rho' v'_x\frac{\partial v'_x}{\partial x'}+\rho' v'_y\frac{\partial v'_x}{\partial y'}=C_\rho C_g \rho' f'_x-\frac{C_p}{C_l}\frac{\partial p'}{\partial x'}+$$

$$\frac{C_v C_\mu}{C_l^2}\left\{\frac{\partial}{\partial x'}\left[2\mu'\frac{\partial v'_x}{\partial x'}-\frac{2}{3}\mu'\left(\frac{\partial v'_x}{\partial x'}+\frac{\partial v'_y}{\partial y'}\right)\right]+\frac{\partial}{\partial y'}\left[\mu'\left(\frac{\partial v'_x}{\partial y'}+\frac{\partial v'_y}{\partial x'}\right)\right]\right\} \tag{3-20}$$

(3) 两个相似现象,式(3-20)和式(3-19)形式应该相同,故式(3-20)各项中,相乘号前面的由相似常数组合而成的相似系数应为1,可得

$$\frac{C_l}{C_v C_t}=1 \tag{3-21}$$

$$\frac{C_g C_l}{C_v^2}=1 \tag{3-22}$$

$$\frac{C_p}{C_\rho C_v^2}=1 \tag{3-23}$$

$$\frac{C_\mu}{C_v C_\rho C_l}=1 \tag{3-24}$$

由式(3-21)整理可得斯特劳哈尔数

$$Sr=\frac{l}{vt} \tag{3-25}$$

由式(3-22)整理可得弗劳德数

$$Fr=\frac{v}{\sqrt{lg}} \tag{3-26}$$

由式(3-23),并引用比热比γ在两个相似现象中是相同的这一关系,$\gamma=\gamma'$,比热比是定压比热c_p与定容比热c_V之比,即

$$\gamma=\frac{c_p}{c_V} \tag{3-27}$$

整理可得马赫数

$$Ma=\frac{v}{a} \tag{3-28}$$

由式(3-24)整理可得雷诺数

$$Re=\frac{\rho v l}{\mu} \tag{3-29}$$

例3-4 由能量方程导出相似准则。

解 (1) 列出方程

$$\rho\left[\frac{\partial}{\partial t}(c_p T)v_x\frac{\partial}{\partial x}(c_p T)+v_y\frac{\partial}{\partial y}(c_p T)\right]=\frac{\partial p}{\partial t}+v_x\frac{\partial p}{\partial x}+v_y\frac{\partial p}{\partial y}+\frac{\partial}{\partial x}\left(\lambda\frac{\partial T}{\partial x}\right)+\frac{\partial}{\partial y}\left(\lambda\frac{\partial T}{\partial y}\right)+$$

$$\mu\left\{-\frac{2}{3}\left(\frac{\partial v_x}{\partial x}+\frac{\partial v_y}{\partial y}\right)^2+2\left[\left(\frac{\partial v_x}{\partial x}\right)^2+\left(\frac{\partial v_y}{\partial y}\right)^2\right]+\left(\frac{\partial v_x}{\partial x}+\frac{\partial v_y}{\partial y}\right)^2\right\} \tag{3-30}$$

(2) 列出相应物理量成比例的关系式

$$\frac{x}{x'}=\frac{y}{y'}=\frac{l}{l'}=C_l,\quad \frac{v_x}{v'_x}=\frac{v_y}{v'_y}=\frac{v}{v'}=C_v$$

$$\frac{p}{p'}=C_p,\quad \frac{\rho}{\rho'}=C_\rho,\quad \frac{\mu}{\mu'}=C_\mu$$

$$\frac{t}{t'}=C_t,\quad \frac{C_p}{C'_p}=C_p,\quad \frac{T}{T'}=C_T,\quad \frac{\lambda}{\lambda'}=C_\lambda$$

代入式(3-30)得

$$\frac{C_\rho C_{cp} C_T}{C_t}\rho'\frac{\partial}{\partial t'}(c'_p T')+\frac{C_\rho C_v C_{cp} C_T}{C_l}\rho'\left[v'_x\frac{\partial}{\partial x'}(c'_p T')+v'_y\frac{\partial}{\partial y'}(c'_p T')\right]=$$
$$\frac{C_p}{C_t}\frac{\partial p'}{\partial t}+\frac{C_v C_p}{C_l}\left(v'_x\frac{\partial p'}{\partial x'}+v'_y\frac{\partial p'}{\partial y'}\right)+$$
$$\frac{C_\lambda C_T}{C_l^2}\left[\frac{\partial}{\partial x'}\left(\lambda'\frac{\partial T'}{\partial x'}\right)+\frac{\partial}{\partial y'}\left(\lambda'\frac{\partial T'}{\partial y'}\right)\right]+$$
$$\frac{C_\mu C_v^2}{C_l^2}\mu'\left\{-\frac{2}{3}\left(\frac{\partial v'_x}{\partial x'}+\frac{\partial v'_y}{\partial y'}\right)^2+\right.$$
$$\left.2\left[\left(\frac{\partial v'_x}{\partial x'}\right)^2+\left(\frac{\partial v'_y}{\partial y'}\right)^2\right]+\left(\frac{\partial v'_y}{\partial x'}+\frac{\partial v'_x}{\partial y'}\right)^2\right\}$$

等式两边同乘以 $C_l^2/(C_{cp}C_\mu C_T)$ 得

$$\frac{C_\rho C_l^2}{C_\mu C_t}\times\rho'\frac{\partial}{\partial t'}(c'_p T')+\frac{C_\rho C_v C_l}{C_\mu}\times\rho'\left[v'_x\frac{\partial}{\partial x'}(c'_p T')+v'_y\frac{\partial}{\partial y'}(c'_p T')\right]=$$
$$\frac{C_l^2 C_p}{C_{cp}C_\mu C_T C_t}\times\frac{\partial p'}{\partial t'}+\frac{C_l C_v C_p}{C_{cp}C_\mu C_T}\times\left(v'_x\frac{\partial p'}{\partial x'}+v'_y\frac{\partial p'}{\partial y'}\right)+\frac{C_\lambda}{C_{cp}C_\mu}\times$$
$$\left[\frac{\partial}{\partial x'}\left(\lambda'\frac{\partial T'}{\partial x'}\right)+\frac{\partial}{\partial y'}\left(\lambda'\frac{\partial T'}{\partial y'}\right)\right]+\frac{C_v^2}{C_{cp}C_T}\times$$
$$\mu'\left\{-\frac{2}{3}\left(\frac{\partial v'_x}{\partial x'}+\frac{\partial v'_y}{\partial y'}\right)^2+2\left[\left(\frac{\partial v'_x}{\partial x'}\right)+\left(\frac{\partial v'_y}{\partial y'}\right)^2\right]+\left(\frac{\partial v'_y}{\partial x'}+\frac{\partial v'_x}{\partial y'}\right)^2\right\}$$

(3) 令上式各项中乘号前面的相似系数为 1,可得

$$\frac{C_\rho C_v C_l}{C_\mu}=1 \tag{3-31}$$

$$\frac{C_p C_l C_v}{C_{cp}C_\mu C_T}=1 \tag{3-32}$$

$$\frac{C_\lambda}{C_{cp}C_\mu}=1 \tag{3-33}$$

$$\frac{C_v^2}{C_{cp}C_T}=1 \tag{3-34}$$

整理以上各式,由式(3-31)得雷诺数即式(3-29):

$$Re=\frac{\rho vl}{\mu}$$

由式(3-32)得比热比即式(3-27)

$$\gamma=\frac{c_p}{c_V}$$

由式(3-33)得普朗特数

$$Pr=\frac{\mu c_p}{\lambda}$$

由式(3-34)得马赫数即式(3-28)

$$Ma=\frac{v}{a}$$

现就一般流动(非定常、可压、完全气体的流动)情况下的相似准则 γ,Pr,Sr,Fr,Ma 和 Re,进行讨论。

比热比 $\gamma=c_p/c_v$,是定压比热 c_p 与定容比热 c_V 的比值。理论上完全气体的比热比仅取决于气体分子结构的复杂程度。实验表明,对于双原子气体在 600 K 以下时 $\gamma=1.4$。

普朗特数 $Pr=\mu c_p/\lambda$,是衡量气体黏性和热传导相对大小程度的无量纲量。气体黏性来源于分子间的动量交换,而热传导来源于分子间的动能交换,因此普朗特数也是表示边界层内气体分子动量交换与分子动能交换的一个相对比值。其值近似等于常值是因为分子的动量交换与动能交换具有相同的机理。实验表明,空气的普朗特数约等于 0.72,与压强无关,并几乎与温度无关。

一般风洞中的工作介质是空气,温度也不是很高,风洞中空气的 γ 值等于大气中的 γ 值,风洞中空气中的 Pr 数与大气的 Pr 数也很接近。因此,在一般风洞中进行实验时,γ 和 Pr 这两个相似准则都是满足要求的。

Sr,Fr,Ma 和 Re 四个相似准则,是与动力相似有关的相似准则。它们总地表征了两个相似现象中同一瞬时作用在对应的流体微团上的力所组成的多边形是相似的。这些作用力包括彻体力、弹性力、黏性力和惯性力等。其中惯性力是维持原有运动状态的力,其他力是改变运动状态的力。流动现象的变化和发展,是惯性力与其他力共同作用的结果。惯性力与其他各力之间的比例关系,表征了现象的特征。在两种相似现象之间,这种比例关系应该保持不变。动力相似的几个相似准则的物理意义,就是这种比例关系。

为了进一步说明这个问题,需要首先用特征物理量写出上述各类作用力。这可由纳维-斯托克斯方程,应用积分类比法写出。所谓积分类比法是指,当现象相似时,不必考虑特征物理量的各阶导数而研究相应量之比。换句话说,方程中的微分符号可以去掉,方程中所有向量沿坐标轴的分量可用向量的绝对值代替,坐标则用线性长度代替。纳维-斯托克斯方程,见式(3-19)。根据该方程由积分类比法可知:惯性力(定常运动时)为 $\rho v^2/l$,非定常运动的惯性力为 $\rho v/t$,重力场中彻体力为 ρg,使气体体积发生变化的弹性力为 ρ/l,黏性力为$\mu v/l^2$。在此基础上可更深入地讨论各相似准则的物理意义。

斯特劳哈尔数 Sr 的物理意义是非定常运动惯性力与惯性力之比,即

$$Sr=\frac{\text{非定常运动惯性力}}{\text{惯性力}}=\frac{\rho v/t}{\rho v^2/l}=\frac{l}{vt} \tag{3-35}$$

斯特劳哈尔数是表征流动非定常性的相似准则,是非定常空气动力实验中要模拟的相似准则。对于周期性的非定常流动,用特征频率 $f=1/t$ 代替 t,则斯特劳哈尔数为

$$Sr=\frac{lf}{v} \tag{3-36}$$

它是表征流动周期性的相似准则。当研究涡街、旋翼、螺旋桨和颤振等时,空气动力现象与周期性运动的频率有关,模型进行实验时与实物飞行时的斯特劳哈尔数应相等。在定常实验中,不必考虑斯特劳哈尔数。斯特劳哈尔数在某些场合下习惯上还有其他的名称和形式,其本质都是相同的。

弗劳德数 Fr 的物理意义是惯性力与重力之比的平方根,即

$$\frac{\text{惯性力}}{\text{重力}}=\frac{\rho v^2/l}{\rho g}=\frac{v^2}{lg}$$

$$Fr=\frac{v}{\sqrt{lg}} \tag{3-37}$$

弗劳德数是表征重力对流动影响的相似准则，弗劳德数相等就是重力作用的相似。当在风洞中研究被投放的物体离开飞机后的运动轨迹时，弗劳德数是主要的决定性相似准则之一。水上飞机或舰船模型在拖曳水池中进行实验，以及力学中的明渠流动实验，都要模拟弗劳德数。不同场合下弗劳德数的形式有些区别，有的写作 $Fr=lg/v^2$，有的写作 $Fr=v^2/(lg)$，它们的本质都一样。对于风洞中常见的静态的测力实验和测压实验等，可不考虑弗劳德数。

马赫数 Ma 的物理意义是代表惯性力与弹性力之比，对于完全气体可得

$$\frac{\text{惯性力}}{\text{弹性力}}=\frac{\rho v^2/l}{p/l}=\frac{v^2}{p/\rho}\propto\frac{v^2}{a^2}=Ma^2$$

$$Ma=\frac{v}{a} \tag{3-38}$$

马赫数是气体的压缩性对流动影响的一个度量。当流速较低，气体的压缩性可忽略不计时，可不考虑马赫数。当流速较高（$Ma\geqslant 0.4$），不能忽略压缩性的影响时，马赫数是一个重要的相似准则。在高亚声速风洞、跨声速风洞、超声速风洞和各种高超声速风洞中，实验时的马赫数应等于飞行时的马赫数。

雷诺数 Re 的物理意义是惯性力与黏性力之比，即

$$Re=\frac{\text{惯性力}}{\text{黏性力}}=\frac{\rho v^2/l}{\mu v/l^2}=\frac{\rho vl}{\mu} \tag{3-39}$$

雷诺数是表征流体黏性对流动影响的重要相似准则。凡是与流体的黏性有关的实验，都要求实验雷诺数等于实际（飞行）雷诺数。然而，对于一般风洞来说，这一点很难满足。这是因为，一般风洞中工作介质是空气，温度也与大气相差不多，因而 ρ/μ 也与大气相差不多。若使雷诺数相等，则应使 vl 相等。模型的尺寸比实物缩小了若干倍，要使实验风速增大若干倍才能保证 vl 相等。风速的提高受到压缩性的限制，这就限制了雷诺数的提高。此外，随着风速提高，气流的能量损失迅速增大，消耗的功率也迅速增大，因此，一般风洞中很难做到实验雷诺数与飞行雷诺数相等。这就需要实验工作者采取适当的技术进行弥补。

总之，对于 γ，Pr，Sr，Fr，Ma，Re 和这几个重要的相似准则，可根据它们的物理意义，结合具体的不同实验适当地取舍。

四、相似定理

1. 相似正定理

“相似的现象，其同名相似准则的数值相同”。

由现象相似的基本概念可知，相似的现象必须是以几何相似为前提的，对应点上同类量保持各自固定的比例关系；相似现象的物理方程形式上必为同一形式。因此，可导出若干个相似准则，同名相似准则的数值必然是相同的。这是相似现象所具有的重要性质之一。

2. 相似逆定理

“两个现象的单值条件相似，而且由单值条件组成的同名相似准则的数值相同，则这两个现象相似”。

单值条件相似，除了本身的含义之外，还包括了几何相似这一前提。单值条件相似是现象相似的必要条件。但仅有这一点还不充分，只有加上“由单值条件组成的同名相似准则的数值

相同”这一条件才能保证两个现象相似。也就是说,各同名的单值条件相似而且不同名的单值条件之间的比例应合适才能保证现象相似。

相似定理对研究工作有着重要的意义。

第二节　Π 定理与量纲分析

一、Π 定理

设有一群有量纲量,其中 q_0 与 $q_1,q_2,\cdots,q_n$ 之间存在函数关系

$$q_0=f(q_1,q_2,\cdots,q_k,q_{k+1},\cdots q_n),\quad k\leqslant n$$

其中有一组基本量 $q_1,q_2,\cdots,q_k$,则这个函数关系必能变化为无量纲形式

$$\Pi_0=f(1,1,\cdots,1,\Pi_{k+1},\cdots,\Pi_n)$$

$$\Pi_m=\frac{q_m}{q_1^{\lambda_{1m}}q_2^{\lambda_{2m}}\cdots q_k^{\lambda_{km}}},\quad m=0,k+1,k+2,\cdots,n$$

这就是“Π 定理”。它是白金汉(E. Buckingham)在 1914 年提出的。

自然现象的规律性通常表现为各物理量之间的函数关系。在这些关系中,各有量纲的物理量的数值取决于所选用的测量单位制。然而,自然规律是客观的,它与人为地建立的测量单位制无关。因此,表示自然规律的各物理量之间的函数关系应具有某种与测量单位制无关的特殊结构。

下面推证 Π 定理。

设有一群有量纲量,其中 q_0 与 $q_1,q_2,\cdots,q_n$ 之间存在函数关系

$$q_0=f(q_1,q_2,\cdots,q_k,q_{k+1},\cdots q_n),\quad k\leqslant n \tag{3-40}$$

并设 $q_1,q_2,\cdots,q_k$ 是在这群量中选定的基本量,其他是导出量。

现将式(3-40)中基本量 $q_1,q_2,\cdots,q_k$ 的单位分别变为原来的$\frac{1}{a_1},\frac{1}{a_2},\cdots,\frac{1}{a_k}$,则在新单位制中各量变为

$$q'_1=a_1q_1$$
$$q'_2=a_2q_2$$
$$\cdots\cdots$$
$$q'_k=a_kq_k$$
$$q'_{k+1}=a_1^{\lambda_{1,k+1}}a_2^{\lambda_{2,k+2}}\cdots a_k^{\lambda_{k,k+1}}q_{k+1}$$
$$\cdots\cdots$$
$$q'_n=a_1^{\lambda_{1,n}}a_2^{\lambda_{2,n}}\cdots a_k^{\lambda_{k,n}}q_n$$
$$q'_0=a_1^{\lambda_{1,0}}a_2^{\lambda_{2,0}}\cdots a_k^{\lambda_{k,0}}q_0$$

由于单位制的改变不会改变各量的物理本质,不会影响各量间物理关系的存在,则

$$q'_0=f(q'_1,q'_2,\cdots,q'_k,q'_{k+1},\cdots q'_n),\quad k\leqslant n$$

$a_1,a_2,\cdots,a_k$ 可任意选定,若令

$$a_1=\frac{1}{q_1}$$

$$a_2 = \frac{1}{q_2}$$

$$\cdots\cdots$$

$$a_k = \frac{1}{q_k}$$

即以研究对象中的基本量作为基本单位度量其他量,则函数 f 中的 k 个基本量均为 1,而量纲式也保证了 $n+1-k$ 个其他量均为无量纲量。

将上式整理后可得

$$\Pi_0 = f(1,1,\cdots,1,\Pi_{k+1},\cdots,\Pi_n) \tag{3-41}$$

$$\Pi_m = \frac{q_m}{q_1^{\lambda_{1,m}} q_2^{\lambda_{2,m}} \cdots q_k^{\lambda_{k,m}}}, \quad m=0,k+1,k+2\cdots,n$$

Π 定理由此得证。Π 定理的实质是以研究对象中的基本物理量作为基本单位来度量其他物理量。

为了便于理解,可做下面的变换。

根据函数符号书写的定义,等号左边为因变量,等号右边是函数名后跟括号,括号内为自变量列表。式(3-41) 中 k 个 1 为常值可以不出现在自变量列表中,而将其作用隐含于函数式中。比如函数 $y=x+2$ 可写作 $y=f(x)$。因此,函数式(3-41) 可写成

$$\Pi_0 = \varphi(\Pi_{k+1},\cdots,\Pi_n) \tag{3-42}$$

这里函数 f 与函数 φ 的数学形式完全一致,表达的是同一个物理现象。

通常 $\Pi_1,\Pi_{k+1},\cdots,\Pi_n$ 都为相似准则。可见,一种现象各物理量之间的关系一定可以化为若干个相似准则之间的关系。举一个简单的例子。某现象可用函数 $z=x+y$ 表示,即可写为

$$z=f(x,y)$$

若 $y\neq 0$,则

$$\frac{z}{y}=\frac{x}{y}+1$$

令 $\Pi_0=\frac{z}{y},\Pi_1=\frac{x}{y}$,则该函数可写为

$$\Pi_0=f(\Pi,1)$$

或

$$\Pi_0=\varphi(\Pi_1)$$

两者数学形式完全一致,只是表面上写法不一样。函数 $z=f(x,y)$,几何上是一个面,要确定 z,须确定 x 和 y;而 $\Pi_0=\varphi(\Pi_1)$,几何上是一条线,要确定 Π_0,只须确定 Π_1。它比前者要简单和更一般化。

另外,因为同一类现象,满足同一类方程,如果有两个方程

$$\Pi_0=\varphi(\Pi_{k+1},\cdots,\Pi_n), \quad \Pi'_0=\varphi'(\Pi'_{k+1},\cdots,\Pi'_n)$$

根据相似的充分必要条件,在各单值条件相似的前提下,只要两个现象的同名相似准则 Π_0,$\Pi_{k+1},\cdots,\Pi_n$ 数值相同,则现象一定相似,即 $\varphi=\varphi'$;反之,在单值条件相似的前提下,只要两个现象相似,即 $\varphi=\varphi'$,则其同名相似准则数值一定相同,即 $\Pi_0=\Pi'_0,\Pi_{k+1}=\Pi'_{k+1},\cdots,\Pi_n=\Pi'_n$。

如果描述所研究物理现象的方程已知且可解,即 φ 已知,再假设已知 $\Pi_{k+1},\cdots,\Pi_n$,则 Π_0 可从解方程求出。若方程还不为人所知,则可以在保证 $\Pi_{k+1},\cdots,\Pi_n$ 的条件下通过做实验来确定 Π_0 的值。

通常称 $\Pi_0=\varphi(\Pi_{k+1},\cdots,\Pi_n)$ 为在给定的物理现象中，Π_0 与 $\Pi_{k+1},\cdots,\Pi_n$ 有关。

二、量纲分析

Π 定理指出，物理现象中各物理量之间的关系一定可以化为若干个相似准则之间的关系，从而可以用下述办法求出相似准则。

(1) 确定影响现象的各物理量，并且列成式(3-40)的形式。这些物理量应该是对所研究的现象起作用的所有因素，既包括变量，也包括常量。例如在不可压缩流中黏性系数一般都按常量处理，也应包括在内。

(2) 根据选择基本物理量的充分必要条件式(3-13)，从影响现象的各物理量中确定 k 个基本物理量 $q_1,q_2,\cdots,q_k$。

(3) 将其他量按式(3-42)的形式与这 k 个基本物理量组合成无量纲量

$$\Pi_m=\frac{q_m}{q_1^{\lambda_{1,m}}q_2^{\lambda_{2,m}}\cdots q_k^{\lambda_{k,m}}}$$

式中，$\lambda_{1,m},\lambda_{2,m},\cdots,\lambda_{k,m}$ 是待定的指数。

(4) 由于 Π_m 是无量纲量，$\dim\Pi_m=L^0M^0T^0$，即

$$\dim q_m=\dim(q_1^{\lambda_{1,m}}q_2^{\lambda_{2,m}}\cdots q_k^{\lambda_{k,m}})$$

将各物理量的量纲代入上式，求出各个 Π_m 中的指数 $\lambda_{1,m},\lambda_{2,m},\cdots,\lambda_{k,m}$。

(5) 最后可得描述现象的无量纲关系式

$$\Pi_0=\varphi(\Pi_{k+1},\cdots,\Pi_n)$$

这样就把含有 $n+1$ 个有量纲量的关系式简化成了含有 $n+1-k$ 个无量纲量的关系式，而且后者对于描述自然现象来说具有普通意义。

例 3-5 欲实验研究低速气流绕圆球流动时的阻力特性。已知影响阻力 Q 的物理量有空气密度 ρ、速度 v、黏性系数 μ、圆球直径 d，即

$$Q=f(\rho,v,d,\mu) \tag{3-43}$$

问：圆球的阻力系数与哪些相似准则有关？

解 (1) 首先确定基本物理量为 ρ,v,d。

(2) 由 Π 定理知，式(3-43)一定可以化为

$$\Pi_Q=\varphi(\Pi_\mu)$$

1)

$$\Pi_\mu=\frac{\mu}{\rho^{\lambda_1}v^{\lambda_2}d^{\lambda_3}}$$

$$\dim\mu=\dim(\rho^{\lambda_1}v^{\lambda_2}d^{\lambda_3})$$

已知

$$\begin{cases}\dim\mu=L^{-1}MT^{-1}\\ \dim\rho=L^{-3}M\\ \dim v=LT^{-1}\\ \dim d=L\end{cases}$$

因此 $L^{-1}MT^{-1}=L^{-3\lambda_1}M^{\lambda_1}L^{\lambda_2}T^{-\lambda_2}L^{\lambda_3}=L^{-3\lambda_1+\lambda_2+\lambda_3}M^{\lambda_1}T^{-\lambda_2}$

类比同类项指数得

$$\begin{cases}-1=-3\lambda_1+\lambda_2+\lambda_3\\ 1=\lambda_1\\ -1=-\lambda_2\end{cases}$$

解之得

$$\lambda_1=1, \quad \lambda_2=1, \quad \lambda_3=1$$

从而
$$\Pi_\mu=\frac{\mu}{\rho v d}$$

2)
$$\Pi_Q=\frac{Q}{\rho^{\lambda_1} v^{\lambda_2} d^{\lambda_3}}$$

已知
$$\dim q=\mathrm{LMT}^{-2}$$

同理可得

$$\lambda_1=1, \quad \lambda_2=2, \quad \lambda_3=2$$

从而，$\Pi_Q=\dfrac{Q}{\rho v^2 d^2}$。由此，圆球的阻力系数 $\Pi_Q=\dfrac{Q}{\rho v^2 d^2}$ 与相似参数$\dfrac{\mu}{\rho v d}$有关。习惯上人们常用 $Re=\dfrac{\rho v d}{\mu}$ 及 $C_x=\dfrac{Q}{\frac{1}{2}\rho v^2 S}$ 来代替上面的 Π_μ 和 Π_Q。最后可得无量纲关系式

$$C_x=f(Re)$$

即在题设条件下只要 Re 数相同，所有圆球的阻力系数均相同。这种求相似准则的方法称为量纲分析。

第三节　相似理论的应用

相似理论包括相似定理和Ⅱ定理，它在实验研究中的应用体现在两个方面：一方面应用相似理论来指导如何用模型实验来模拟实际的流动；另一方面是如何根据相似理论整理和运用从模型实验中得到的数据。

按照相似理论，实验应在几何相似的同类现象中进行，而且应使模型流场与实物流场的同名相似准则数值相同。关于相似准则，在实验中要用到的有十几个以上，经常用到的也有六七个。根据相似理论，应在实验中同时模拟所有的准则，做到"完全相似"。然而，这种完全相似实际上是很难做到的，一般只能做到"部分相似"。幸而各种相似准则的物理意义各不相同，在每一种具体情况下，并非所有相似准则都同等重要。换句话说，对于某一具体实验有些相似准则必须准确模拟，有些相似准则可以近似模拟或不模拟。

例 3-6　在风洞中用模型飞机模拟在大气中飞行的真实飞机所受阻力的情况。研究表明，这个阻力与特征长度、姿态角、速度、气体的密度、黏性以及当地声速有关。已知某飞机在海平面标准大气情况下做等速直线飞行，速度为 20m/s。用 1/5 缩尺模型在风洞内进行实验，测得阻力为 50N。海平面的声速为 $a=340$m/s。假设风洞实验段来流的压力、密度和温度与海平面标准大气情况相同。求模型实验的风速和实际飞机所受到的阻力是多少？

解　设真实飞机的特征长度、姿态角、飞行速度、大气密度、黏性、当地声速分别为 $l_1, \alpha_1, v_1, \rho_1, \mu_1, a_1$，对应模型飞机的分别为 $l_2, \alpha_2, v_2, \rho_2, \mu_2, a_2$，由题意

$$\chi=f(\rho, v, l, \alpha, \mu, a) \tag{3-44}$$

根据相似理论，取 ρ, v, l 为基本物理量，可将式(3-44)化为无因次相似准则之间的关系，即

$$C_\chi=\varphi(\alpha, Re, Ma) \tag{3-45}$$

式中，$C_\chi=\dfrac{\chi}{\frac{1}{2}\rho v^2 S}$；$\alpha$ 的单位为弧度(rad)；$Re=\dfrac{\rho vd}{\mu}$；$Ma=\dfrac{v}{a}$。

由相似理论，模型实验与实际飞行的相似准则数值应相等。保证姿态角 α 相同没有什么问题。从下面的讨论可以看出要同时模拟 Re 和 Ma 数是很困难的。

首先分析保证 Re 数相等的情况。要保证 Re 数相等，即 $Re_1=Re_2$。

$$\frac{\rho_1 v_1 l_1}{\mu_1}=\frac{\rho_2 v_2 l_2}{\mu_2}$$

由题知

$$\rho_1=\rho_2,\quad \mu_1=\mu_2,\quad \frac{l_1}{l_2}=5$$

所以
$$v_2=v_1\frac{l_1}{l_2}=20\times 5=100\ \mathrm{m/s}$$

要保证雷诺数相等，风洞中来流速度应为 100m/s。

再看 Ma 数。

$$Ma_1=\frac{20}{340}=0.06\ll 0.3$$

$$Ma_2=\frac{100}{340}=0.29<0.3$$

显然 $Ma_1\neq Ma_2$。然而，由于两者的数值都小于 0.4，属于不可压缩范围，Ma 数的影响甚小，通常不予考虑，而且通常都将 $Ma<0.4$ 时的情况写作 $Ma=0$。

由此可以看出，要绝对同时模拟 Re 和 Ma 数是很困难，但在具体问题上抓住主要矛盾，仍然可以得出有意义的结果。

下面来求真实飞机所受的阻力。

由题知

$$\frac{l_1}{l_2}=5$$

所以
$$\frac{S_1}{S_2}=\left(\frac{l_1}{l_2}\right)^2=25$$

两者阻力系数(Ne 数) 应相等，即

$$C_{\chi_1}=C_{\chi_2}$$

$$\frac{\chi_1}{\frac{1}{2}\rho_1 v_1^2 S_1}=\frac{\chi_2}{\frac{1}{2}\rho_2 v_2^2 S_2}$$

因此
$$\chi_1=\chi_2\frac{v_1^2 S_1}{v_2^2 S_2}=50\times\left(\frac{20}{100}\right)^2\times 25=50\ \mathrm{N}$$

由此，要保证题中两现象相似，模型实验的风速应为 100m/s。实际飞机所受阻力为 50N。应该注意的是本例得出的结果是在 Re 数完全模拟下得到的。

由例 3-6 可以看出，要同时精确模拟 Re 数和 Ma 数实际中是很难做到的。由于低速时($Ma<0.4$) 压缩性影响不是很重要，故实际中只须模拟 Re 数即可达到研究的目的。

需要说明的是，相似理论告诉我们，实验研究时由确定现象特征的量组成的各相似准则对

于模型和实物相等，只有这样才能保证现象相似。对于任何一个物理现象，如果事先没有一定程度的了解，不知道现象的内在机理，则不论采用实验或者解析方法，都不可能得出正确的解答。另外，如果对所研究的现象已经具有比较完备的理论计算结果，则模型实验便失去了必须进行的依据。因为相对而言，理论计算的耗费要比模型实验小得多，没有必要花费不必要的人力和物力来进行此种实验。认为“实验就是一切”的观点是不足取的。

思 考 题

1. 相似理论包含哪些内容？

2. 相似定理和 Π 定理的内容是什么？

3. 相似准则的物理意义是什么？如何导出相似准则？

4. 相似理论对于实验研究的指导意义是什么？

5. 研究某小型飞机在海平面标准大气下做 30m/s 等速直线飞行的受力情况。若采用比例为 0.75 的缩尺模型在风洞中吹风模拟，假如风洞实验段气流的压力、温度和密度与海平面大气相同，试求吹风风速应该为多少？为什么？（已知：影响低速飞机受力的因素主要有飞行速度 v、模型尺度 l、空气密度 ρ、空气黏性系数 μ 等。）

6. 欲在风洞中检验飞机投放炸弹的安全性，即在风洞实验中测量炸弹的投放轨迹。已知影响该轨迹的物理量有炸弹直径 D、来流速度 v、空气密度 ρ、炸弹的质量 G、空气黏性系数 μ 和当地声速 a 等。问：实验中需要保证的相似准则有哪些？

第四章　误差理论

学习本章后应掌握的内容：

(1) 正确认识测量误差的性质，了解误差产生的原因，掌握消除或减小误差的方法，并对测量数据进行正确的处理，得到精准度较高的测量结果。

(2) 正确估计测量结果的不确定度，能够在给出测量值的同时，注明由于测量误差的存在而对被测量值不能肯定的程度。

(3) 能够根据对测量结果所提出的测量精确度要求，合理选择测量方法和测量器具。

精准度原则是科学实验必须遵守的基本原则之一。为了更好地满足精准性的要求，就需要用误差理论来指导实验研究工作。误差理论包括误差的概念和性质、仪器的选择、误差的处理和如何给出实验结果等内容。本章将概念性地介绍在流体力学实验过程中，使用各种测量器具(包括量具、测量仪器和测量装置) 进行测量时可能会产生的测量误差、误差的性质以及误差处理方法等。

第一节　基本概念

一、真值

真值是指一个量被观测时，该量本身所具有的真实大小。量的真值是理想的概念。一般来讲，一个量的真值是难以确切知道的。为了使用上的需要，在下面的几种情况下，认为真值是已知的：

(1) 理论真值。理论真值是指在理论上规定的值。如平面三角形三个内角之和为π(rad)；一个整圆周角为2π(rad) 等。

(2) 法定真值。法定真值又称法定标准量。法定计量单位认为真值是已知的。例如，保存在国际计量局的国际千克基准，是按定义规定在特定条件下(1 000cm^3 的纯水在4℃时的质量，采用铂铱合金制成原器，称国际千克原器) 的值，可以认为是真值1kg。

(3) 约定真值。约定真值是指用来满足规定准确度，代替真值而使用的量值。通常把高一等(级) 的测量器具所测得的量值作为约定真值，又称实际值。例如，用某压强计测量某点的压强，测得值为1 013Pa，用准度更高的仪器测量同一压强的测得的值为1 012.5Pa，则后者可视为约定真值。

二、误差

(1) 绝对误差。测量结果和被测量真值之间的差值称为绝对误差，简称误差。

$$\text{绝对误差}=\text{测量结果}-\text{真值} \tag{4-1}$$

绝对误差可为正值或负值。绝对误差的正负号反映出测量结果相对于真值的偏离方向。

(2) 误差的绝对值。不考虑正负号的误差称为误差的绝对值。

(3) 相对误差。测量的绝对误差与被测量的真值之比称为相对误差。

$$\text{相对误差}=\frac{\text{绝对误差}}{\text{真值}} \tag{4-2}$$

有时也可近似地用绝对误差与测量结果之比作为相对误差,即

$$\text{相对误差}\approx\frac{\text{绝对误差}}{\text{测量结果}} \tag{4-3}$$

相对误差是一个比值,常以百分数(%)表示。与绝对误差一样,它的正负号反映了测量结果偏离真值的方向。由于相对误差不但与绝对误差的大小有关,而且与被测量的大小有关,因此能更确切地反映出测量工作的精细程度。例如,测量1km误差为1mm和测量1m误差为1mm的差别用相对误差表示是科学的。

(4) 引用误差。测量仪器的绝对误差与该仪器的测量范围上限值(或量程)之比值,称为引用误差,以百分数表示,即

$$\text{引用误差}=\frac{\text{绝对误差}}{\text{测量范围上限值}} \tag{4-4}$$

通常,以测量仪器的引用误差来规定仪器的等级。例如,一块电压表的等级是0.5级,表明它的引用误差为0.5%。如果它有5V,10V两挡,那么测量4.5V左右的电压选用哪一挡呢？当然是5V挡。因为如果选用10V挡,绝对误差会有0.05V,而选5V挡的绝对误差只有0.025V,显然后者的相对误差比前者的小,所以通常选择仪器量程时尽量选择接近测量值的量程。

三、误差分类

误差的分类方法有很多种。通常,为了便于对测量值所包含的误差进行分析和处理,可按照误差的特点和性质,把误差分为系统误差、随机误差和粗大误差三类。

(1) 系统误差。在同一条件下,多次测量同一量值时,误差的绝对值和正、负号保持不变,或在条件改变时,按一定规律变化的误差称为系统误差。例如,用一把尺端已磨损了0.2mm的尺子测量某一物体的长度,在每一次的测量值中都含有+0.2mm的系统误差。又如模型的自重随迎角变化对天平读数的影响,也属于系统误差。

(2) 随机误差(偶然误差)。在实际相同的测量条件下,多次测量同一量值时,误差的绝对值和正、负号以不可预定方式变化着的误差,称为随机误差。这类误差是由于在测量过程中的一些不易控制或不易确定的因素发生了变化而引起的测量误差。如仪器中传动件之间的间隙和摩擦、外界的振动或电磁场的变化、电源的波动等因素引起的误差。

(3) 粗大误差。超出在规定条件下预期的误差称为粗大误差。引起粗大误差的原因有错误读取测量器具的示值,使用有某种缺陷的测量器具,使用测量器具的方法不正确等。

在实际测得值中,这三类误差值是混杂在一起的,有时难以将三者完全分开。

四、精准度

反映测量结果与真值接近程度的量,称为准确度。它与误差大小是相对应的。根据上述

误差的性质和分类，可分别定义为：

(1) 准确度(简称准度)。准确度用来描述测量结果与被测量真值之间一致的程度，指在一定实验条件下多次测定的平均值与真值相符合的程度，用来表示在规定的条件下，测量中所有系统误差的大小。

(2) 精确度(简称精度)。精确度是指在一定的条件下对同一量进行多次测量时，所得测量的结果彼此之间符合的程度，用来表示测量结果中随机误差大小的程度。

(3) 精准度。精准度用来描述测量结果与真值相符合的程度，用来表示测量结果中系统误差和随机误差的综合大小。

现用图 4-1 形象地说明这三个名词的不同含义。图中给出的圆环圆心黑点代表真值，圆环中星形的点代表多次重复测量的结果。在图 4-1(a) 中，测量值不但偏离真值，而且没有规律，表明系统误差和随机误差都比较大，即准确度和精确度均比较低。在图 4-1(b) 中，测量点有规律地分布在真值周围，其平均值与真值相等，为系统误差小而随机误差大，即准确度高而精确度低。在图 4-1(c) 中，测量点集中在一个范围，但是其平均值明显偏离真值，为系统误差大而随机误差小，即准确度低而精确度高。在图 4-1(d) 中，测量值比较集中，并且非常接近真值，其均值可认为与真值相等，此时系统误差和随机误差都较小，即精准度较高。

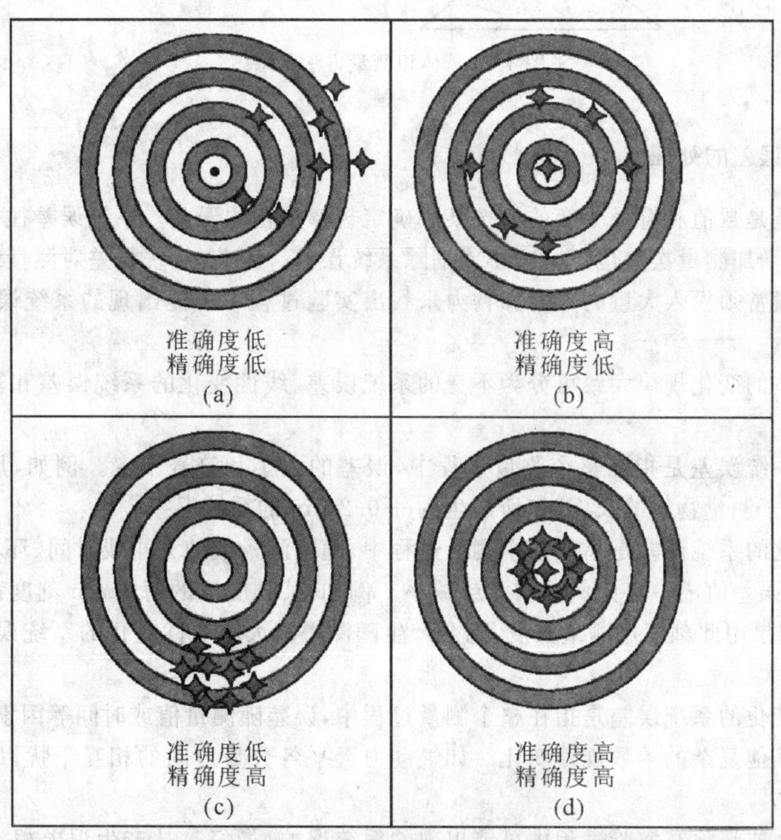

图 4-1　精度准度概念示意图

第二节　直接测量误差的处理

直接测量是指无须对被测的量与其他实测的量进行函数关系的辅助计算，而直接得到被测量值的测量。如图4-2所示，测量一个立方体的体积，可以将其放入一个盛着水的量杯中测量体积，也可以用直尺测量其长、宽、高，再经计算得出体积的值。前者就是直接测量，后者称为间接测量。在直接测量中，测量误差就是被测量的误差。

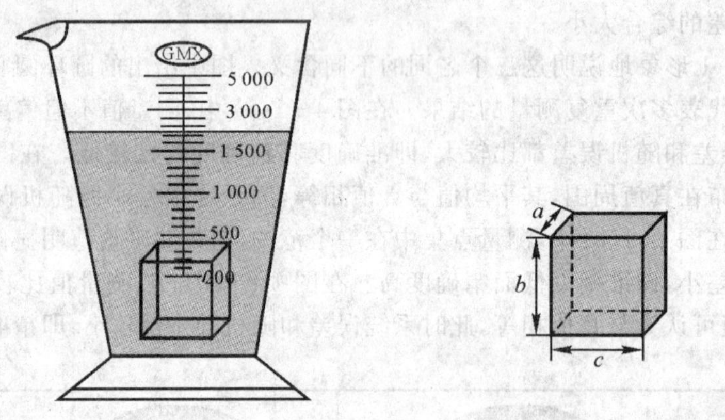

图4-2　体积测量方法示意图

一、系统误差的处理

系统误差是数值和符号不变的或按某一确定规律变化的误差。系统误差往往比随机误差大得多，即使增加测量次数也不会减小或消除系统误差。因此，系统误差对测量结果的准确度影响较大。通常须投入大量的人力和物力来找出实验过程中可能出现的系统误差，并设法消除或修正。

系统误差的变化规律大致可分为不变的系统误差、线性变化的系统误差和非线性变化的系统误差。

不变的系统误差是指在整个测量过程中，误差的大小和符号不变。例如，用尺端磨损了0.2mm的尺子测量物体的长度时，所产生的＋0.2mm的系统误差。

线性变化的系统误差是指在整个测量过程中，随着测量值的大小或时间、环境温度等某种因素的变化，误差值成一定比例地增大或减小。例如，某刻度尺的每1mm刻度都存在某一刻划误差Δl，如果用此刻度尺测量长度，则会产生随测得值大小线性变化的系统误差，即测量值越大，误差越大。

非线性变化的系统误差是指在整个测量过程中，误差随测量值或时间等因素呈周期性的、指数性的或其他复杂的函数规律变化。如气动力天平各分量之间的相互干扰，风洞洞壁的干扰等。

为了减小或消除在实验过程中可能出现的系统误差，最好是从产生误差根源上减小或消除系统误差。一般的做法是对测量过程中可能产生系统误差的各个环节作仔细分析，尽可能设法排除。例如，在测量前应对所使用的各种测量器具和模型等进行仔细的检查和调整；定期检修和校准仪器设备等。

其次，可以选用适当的测量方法来减小或消除系统误差。流体力学实验中经常采用变换某些实验条件的方法来减小或消除系统误差。如低速风洞中用换位法标定风速管就可以消除流场和仪器引起的系统误差。为了减小或消除系统误差，还常在数据处理时引入修正值对结果进行修正。这种方法是预先确定出测量器具或整个系统的系统误差，制成修正表格、修正曲线或修正公式，而后将测得值加上相应的修正值，即可得到不包含该系统误差的测量结果。修正值与系统误差的绝对值相等，符号相反，即

$$修正值 = -系统误差 \tag{4-5}$$

例如，用尺端已磨损 0.2mm 的尺子测量所得的测得值，加上 −0.2mm 的修正值以后，就消除了尺端磨损这一因素而引起的系统误差。修正后的测量结果其准确度得到显著提高。在流体力学实验中广泛地应用修正方法来减小或消除测量数据中所含有的系统误差。应该说明的是，在测量过程中形成系统误差的因素是复杂的，通常人们还难以查明所有的系统误差，也不可能全部消除系统误差的影响。

二、随机误差的处理

在本小节中只讨论随机误差，即假设各测得值中不包含系统误差和粗大误差。

1. 随机误差的特性

在实际相同的测量条件下（如用同一方法，同一观察者，用同一测量器具，在同一实验室内，于较短时间间隔内），对同一被测的量进行连续多次测量所得到的一系列不同的测得值（即测量列）中，误差的绝对值和符号以不可预定方式变化着。若从单个误差来看，前一个误差出现后，无法预知下一个误差的大小和正负号，误差是随机性变化的。但当测量次数增加到充分大时，从大量随机性变化的误差数据所组成的整体来看，这些误差遵循着一定的统计规律。因此，可以应用概率论来处理随机误差。

在绝大多数的科学实验测量中，随机误差往往是由多种尚未掌握或不易控制的因素综合影响的结果。而各个因素的变化可以认为是独立的，相互无关的。因此，测得值中随机误差也就随着不同因素的变化可以认为是独立的，相互无关的。因此，测得值中的随机误差也就随着不同因素的不同影响程度而忽大忽小、或正或负地变化着。当测量次数 n 充分大时（理论上 $n \to \infty$），测量列中的随机误差会呈现出以下几个特性：

(1) 单峰性：绝对值小的误差出现的次数比绝对值大的误差出现的次数多。

(2) 对称性：绝对值相等的正误差和负误差出现的次数相等。

(3) 有界性：绝对值很大的误差出现的次数极少，亦即误差有一定的实际限度。

(4) 抵偿性：在实际相同的测量条件下对同一量的测量，其误差的算术平均值随着测量次数增加而趋于零。

最后一个特性可由第二个特性推导出来。由于绝对值相等的正误差与负误差在求和时相互可以抵消，因此，对于有限次测量，随机误差的算术平均值可能是一个有限小的量，而当测量次数增加到足够大时，它趋向于零。

2. 随机误差的正态分布

上述随机误差的特性是符合概率论中正态分布规律的。呈正态分布的随机误差的概率分布密度曲线（简称为正态分布曲线）如图 4-3 所示，用下列函数来表示：

$$f(\delta)=\frac{1}{\sqrt{2\pi}\sigma}e^{-\frac{\delta^2}{2\sigma^2}} \tag{4-6}$$

式中 δ—— 随机误差；

σ—— 标准偏差($\sigma>0$)；

e—— 自然对数的底；

π—— 圆周率。

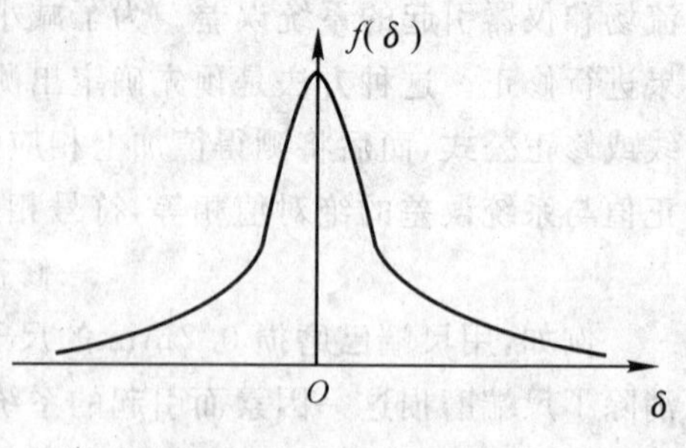

图 4-3 随机误差正态分布曲线

概率是随机性事件出现的可能性大小的一个度量。概率的统计定义是：在相同的条件下进行 n 次实验，设事件 A 出现了 m 次，如果实验次数 n 充分大时，事件 A 的相对出现次数 m/n 趋于稳定值，则事件 A 是有概率的。A 的概率记为 $P(\mathrm{A})$，即

$$P(\mathrm{A})\approx m/n \tag{4-7}$$

一般地，如果对于随机变量 x 的分布函数 $F(x)$ 存在非负的函数 $f(x)$，使对任意实数 x 有

$$F(x)=\int_{-\infty}^{x}f(t)\mathrm{d}t \tag{4-8}$$

则 x 称为连续型随机变量，其中函数 $f(x)$ 称为 x 的概率密度函数，简称概率密度。

若 $f(x)$ 在点 x 处连续，则

$$f(x)=\lim_{\Delta x\to 0}\frac{F(x+\Delta x)-F(x)}{\Delta x}=\lim_{\Delta x\to 0^+}\frac{P(x<X\leqslant x+\Delta x)}{\Delta x} \tag{4-9}$$

如果不计高阶无穷小，则有

$$P\{x<X<x+\Delta x\}=f(x)\mathrm{d}x \tag{4-10}$$

在知道了随机误差的概率分布密度后，即可求出误差 δ 落在 δ_1 和 δ_2 区间中的概率，即

$$P\{\delta_1<\delta<\delta_2\}=\int_{\delta_1}^{\delta_2}f(\delta)\mathrm{d}\delta \tag{4-11}$$

在 n 次测量中(n 充分大)，全部误差出现的总概率为

$$P(\delta)=\int_{-\infty}^{+\infty}f(\delta)\mathrm{d}\delta=1 \tag{4-12}$$

图 4-3 为正态分布的随机误差概率分布密度曲线，可明显地看出前面所述的随机误差的性质。① 当 $|\delta|$ 小时，$f(\delta)$ 大；当 $|\delta|$ 大时，$f(\delta)$ 小；当 $\delta\to\pm\infty$ 时，$f(\delta)\to 0$。这就是随机误差的单峰性。② 由于 $(-\delta)^2=(+\delta)^2$，只要绝对值相同，不论正误差或负误差，$f(\delta)$ 都相等。这就是随机误差的对称性。③ 当 $|\delta|$ 很大时，则 $f(\delta)$ 非常小，出现比 $|\delta|$ 还要大的误差的概率就更小，说明出现的可能性很小。因此，在实际测量工作中做有限次数的重复测量时，出现绝对值很大误差的可能性很小，可以认为它是不会出现的。这就是误差的有界性。

方程式(4-6)客观地描述了正态分布的随机误差的概率分布特性。形成正态分布的条件是：引起随机误差的因素很多，各因素并非一定是正态分布的，但其总的影响是呈正态分布的。在一般测量工作中出现这种情况的可能性很大，因此一般测量列中的随机误差大多数呈正态分布。但正态分布并不是随机误差的唯一分布形式，在实际工作中也可能会遇到其他的分布形式，因相对较少，这里不一一介绍。

3. 算术平均值

在测量中，为了提高测量精度，减小随机误差，可对被测量值在实际相同的测量条件下重

复测量多次，取其算术平均值作为最后的测量结果。

设某一量值在实际相同的条件下进行 n 次重复测量，各个测得值为 $a_1, a_2, \cdots, a_n$，则该测量列的算术平均值为

$$\bar{a}=\sum_{i=1}^{n} a_i/n \tag{4-13}$$

测量列的算术平均值与被测量的真值最为接近。设 T 为真值，$\delta_1, \delta_2, \cdots, \delta_n$ 为测量列中各测得值的随机误差，可得

$$\delta_i=a_i-T \quad (i=1,2,\cdots,n) \tag{4-14}$$

$$a_i=T+\delta_i \tag{4-15}$$

把式(4-14)代入式(4-15)，得

$$\bar{a}=T+\sum_{i=1}^{n} \delta_i/n \tag{4-16}$$

由式(4-16)可以看出，当进行多次测量时，由于随机误差的对称性，$\sum_{i=1}^{n} \delta_i/n \approx 0$，因而与 a_i 相比平均值 $\bar{a}$ 最接近真值 T。

4. *残余误差*

一般情况下，被测量的真值为未知，不可能按式(4-16)求得随机误差，这时可用算术平均值作为被测量的实际值，则有

$$\nu_i=a_i-\bar{a} \quad (i=1,2,\cdots,n) \tag{4-17}$$

式中　ν_i——测量列中第 i 个测量值 a_i 的残余误差，简称残差。

5. *标准偏差（又称均方根误差）*

式(4-6)中的特性参数 σ 被称为标准偏差，其定义为

$$\sigma=\sqrt{\frac{1}{n}\sum_{i=1}^{n} \delta_i^2} \tag{4-18}$$

如图4-4所示是两个测量列的正态分布曲线，其测量精度 σ_1，σ_2 所对应的曲线的形状也不相同。标准偏差 σ_1 的数值小，该测量列中较小的误差占优势，任一单次测得的值对算术平均值的分散度就小，即测量精度高。反之，标准偏差 σ_2 大的测量列的测量精度低。

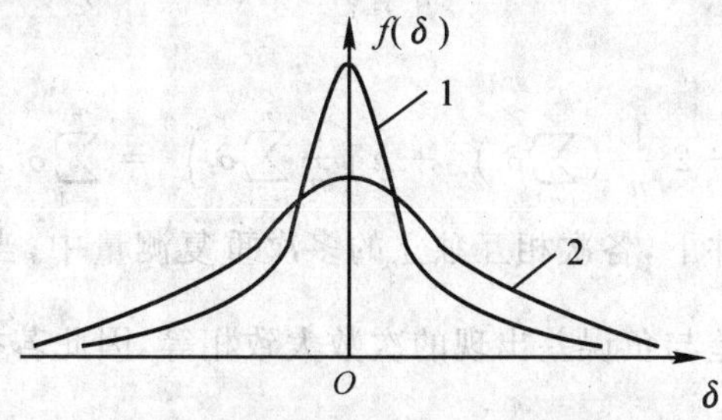

图4-4　不同 σ 值的正态分布曲线示意图

通常，被测量值的真值为未知，因此不能用式(4-14)来求得随机误差。而且测量次数也是有限的，因而也不能用式(4-18)取得测量列单次测量的标准偏差。实际工作中可以用算术

平均值来近似地代替真值，用残余误差来估算标准偏差。下面通过残余误差与绝对误差之间的关系，导出有限次测量时的标准偏差估算公式。

设被测量的真值为 T，测量列中各测得值为 a_i，在系统误差已消除的情况下，测得值的绝对误差为 δ_i，残余误差为 v_i，则对应于各测得值 a_i 可得

$$\delta_1 = a_1 - T$$

$$\delta_2 = a_2 - T$$

$$\cdots\cdots$$

$$\delta_i = a_i - T$$

$$\cdots\cdots$$

$$\delta_n = a_n - T$$

$$\sum_{i=1}^{n}\delta_i = \sum_{i=1}^{n} a_i - nT \tag{4-19}$$

根据算术平均值，得

$$\sum_{i=1}^{n} a_i = n\bar{a} \tag{4-20}$$

把式(4-20)代入式(4-19)，得

$$\bar{a} = T + \frac{1}{n}\sum_{i=1}^{n}\delta_i \tag{4-21}$$

由式(4-17)和式(4-21)，得

$$\nu_i = a_i - \bar{a} = (a_i - T) - \frac{1}{n}\sum_{i=1}^{n}\delta_i = \delta_i - \frac{1}{n}\sum_{i=1}^{n}\delta_i \tag{4-22}$$

由式(4-22)可写出

$$\nu_1^2 = \left(\delta_1 - \frac{1}{n}\sum_{i=1}^{n}\delta_i\right)^2 = \delta_1^2 - 2\delta_1\frac{1}{n}\sum_{i=1}^{n}\delta_i + \left(\frac{1}{n}\sum_{i=1}^{n}\delta_i\right)^2$$

$$\nu_2^2 = \delta_2^2 - 2\delta_2\frac{1}{n}\sum_{i=1}^{n}\delta_i + \left(\frac{1}{n}\sum_{i=1}^{n}\delta_i\right)^2$$

$$\cdots\cdots$$

$$\nu_n^2 = \delta_n^2 - 2\delta_n\frac{1}{n}\sum_{i=1}^{n}\delta_i + \left(\frac{1}{n}\sum_{i=1}^{n}\delta_i\right)^2$$

累加得

$$\sum_{i=1}^{n}\nu_i^2 = \sum_{i=1}^{n}\delta_i^2 - 2\frac{1}{n}\left(\sum_{i=1}^{n}\delta_i\right)^2 + n\left(\frac{1}{n}\sum_{i=1}^{n}\delta_i\right)^2 = \sum_{i=1}^{n}\delta_i^2 - \frac{1}{n}\left(\sum_{i=1}^{n}\delta_i\right)^2$$

由于在相同的测量条件下，各次相互独立的多次重复测量中，当测量次数 n 足够大时，随机误差绝对值相等的正误差与负误差出现的次数大致相等，因此若把 $\left(\sum_{i=1}^{n}\delta_i\right)^2$ 项展开，则除了 δ_i^2 项以外，相互乘积项 $\delta_1\delta_2, \delta_1\delta_3, \cdots, \delta_i\delta_j, \cdots (i \neq j)$ 的正负数目大致相等，$\sum_{\substack{i,j=1\\(i\neq j)}}^{n}\delta_i\delta_j$ 趋近于零，故得

$$\sum_{i=1}^{n}\nu_i^2 = \sum_{i=1}^{n}\delta_i^2 - \frac{1}{n}\sum_{i=1}^{n}\delta_i^2 = \frac{n-1}{n}\sum_{i=1}^{n}\delta_i^2 \tag{4-23}$$

将式(4-23)代入式(4-18),可得

$$\sigma=\sqrt{\frac{1}{n-1}\sum_{i=1}^{n}\nu_i^2} \tag{4-24}$$

这就是等精度有限次测量时,用残余误差估算测量列单次测量标准偏差的公式。

由式(4-22)可知,残余误差 ν_i 和随机误差 δ_i 具有相同的特征,因此残余误差也符合正态分布,其分布密度为

$$f(\nu)=\frac{1}{\sigma\sqrt{2\pi}}\mathrm{e}^{-\frac{\nu^2}{2\sigma^2}} \tag{4-25}$$

由式(4-25)可知,σ 值愈小,则 e 的指数的绝对值愈大,因 $f(\nu)$ 减少得很快,故曲线变陡;而 σ 值愈小,在 e 前面的系数值愈大,即对应于误差为零的纵坐标也愈大,曲线变高。反之,σ 愈大,$f(\nu)$ 减小较慢,曲线平坦;同时对应于误差为零的纵坐标也小,曲线变低。

标准偏差 σ 不是一个具体的误差,σ 是作为相同条件下重复多次测量中,任一单次测得值对该测量列的算术平均值分散度的一个统一评定标准。在实际相同的条件下所进行的测量称为等精度测量,即测得值的 σ 相等。

6. 测量列算术平均值的标准偏差

任一量值在有限次重复测量中所得到的测量列的算术平均值是随机误差较小的且最接近真值的值,但并不等于真值,而是存在算术平均值的误差 δ_r。由式(4-16)可得

$$\delta_r=\bar{a}-T=\sum_{i=1}^{n}\delta_i/n \tag{4-26}$$

由此可知,算术平均值对被测量的真值也有一定的分散度。测量列算术平均值的标准偏差 σ_r,是表征同一被测量值的独立测量列中算术平均值分散性的参数。

设在相同条件下对同一量值作 m 组相互独立的重复测量,每组皆进行 n 次等精度测量,得到 m 个测量列及其算术平均值 $a_k(k=1,2,\cdots,m)$。

由于每一个测得值 $a_{ki}(k=1,2,\cdots,m;i=1,2,\cdots,n)$ 都存在随机误差 δ_{ki},根据式(4-26)可知,每一测量列也都存在算术平均值的误差 δ_{rk}。

$$\delta_{rk}=\sum_{i=1}^{n}\delta_{ki}/n,\quad k=1,2,\cdots,m \tag{4-27}$$

将式(4-27)平方得

$$\delta_{rk}^2=\frac{1}{n^2}\Big(\sum_{i=1}^{n}\delta_{ki}^2+\sum_{i,j=1}^{n}\delta_{ki}\delta_{kj}\Big),\quad k=1,2,\cdots,m;\quad i\neq j$$

当 n 足够大时,$\sum_{i,j=1}^{n}\delta_{ki}\delta_{kj}$ 趋近于零,故

$$\delta_{rk}^2=\sum_{i=1}^{n}\delta_{ki}^2/n^2,\quad k=1,2,\cdots,m \tag{4-28}$$

由每一测量列中单次测量的标准偏差 σ_k 可知

$$\sigma_k^2-\sum_{i=1}^{n}\delta_{ki}^2/n \tag{4-29}$$

将式(4-29)代入式(4-28),可得

$$\delta_{rk}^2=\sigma_k^2/n \tag{4-30}$$

根据标准偏差的定义式(4－18),算术平均值的标准偏差 σ_r 应为

$$\sigma_r=\sqrt{\frac{\delta_{r1}^2+\delta_{r2}^2+\cdots+\delta_{rk}^2+\cdots+\delta_{rm}^2}{m}} \tag{4-31}$$

将式(4－30) 代入式(4－31),得

$$\sigma_r=\sqrt{\frac{\sigma_1^2+\sigma_2^2+\cdots+\sigma_m^2}{mn}}$$

因为所有的各次测量都是在相同条件下的等精度测量,所以各测量列中的单次测量的标准偏差 σ_k 相等,即

$$\sigma_1=\sigma_2=\cdots=\sigma_m=\sigma$$

因此

$$\sigma_r=\sigma/\sqrt{n} \tag{4-32}$$

式(4－32) 是测量列算术平均值的标准偏差计算公式。如果用有限次测量的残余误差来估算算术平均值的标准偏差,则为

$$\sigma_r=\sqrt{\frac{1}{n(n-1)}\sum_{i=1}^{n}\nu_i^2} \tag{4-33}$$

由式(4－32) 可知,在 n 次等精度测量中算术平均值的标准偏差 σ_r 是单次测量的标准偏差 σ 的 $1/\sqrt{n}$。当 n 愈大时,所得的算术平均值愈接近真值,测量的精确度愈高。因此在科学实验中,增加测量次数可以提高测量精度。但是,由于测量精度是与测量次数的平方根成反比,在 $n>10$ 后,σ_r 已减小得非常缓慢。此外,测量次数愈多,愈难保证测量条件的恒定,从而带来新的误差。因此,一般情况下取 $n\leqslant 10$ 较为适宜。

7. 不确定度

不确定度表示由于测量误差的存在而对被测量值不能肯定的程度。传统的方法是用极限误差来表示测量的不确定度。通常,在测量次数较多且要求不高时,对于测量列单次测量的不确定度取为 $\pm 3\sigma$,对于算术平均值的不确定度取 $\pm 3\sigma_r$。

三、粗大误差的处理

粗大误差严重歪曲测量结果,既不服从确定的函数关系,又不服从统计规律,故须慎重地从测量结果中剔除。

3σ 方法是最常用也是最简单的判断粗大误差的方法。对某一测量列,若各测得值只含有随机误差,则根据随机误差的正态分布规律知,所有测得值残余误差的绝对值超出 3σ 的概率只有 0.27%。因此,在等精度有限次测量的测量列中,若发现某一个测得值 a_i 的残余误差的绝对值大于 3σ,即

$$|\nu_i|>3\sigma$$

则可以认为该测得值含有粗大误差,可予剔除。

另外,常用的方法还有肖维勒(Chauvenet)方法和格拉布斯方法(Grubbs)方法,这里就不一一介绍了。

四、等精度直接测量列的数据处理

对某量进行多次等精度直接测量时,各测得值中可能同时包含有系统误差、随机误差和粗

大误差。为了得到合理的测量结果,对测量列中的误差应按前述误差理论进行处理。数据处理步骤如下：

(1) 修正或消除系统误差。

(2) 求测量列算术平均值。

(3) 求各测得值的残余误差。

(4) 求测量列单次测量的标准偏差。

(5) 判断是否存在粗大误差。

(6) 求算术平均值的标准偏差。

(7) 求测量结果的不确定度。

(8) 写出测量结果。

下面举一个简单的例子来说明如何进行等精度直接测量列的数据处理。

例 4-1 用卡尺对某圆柱的直径进行了 15 次重复测量,测得的值为 D_{0i} 为:15.26mm, 15.28mm, 15.27mm, 15.48mm, 15.24mm, 15.28mm, 15.29mm, 15.26mm, 15.28mm, 15.27mm, 15.26mm, 15.28mm, 15.31mm, 15.29mm, 15.28mm。卡尺的初读数为 0.04mm,试写出直径测量结果。

解 (1) 系统误差修正。由式(4-5) 可知系统误差修正值为 -0.04mm。系统误差修正后的值记为 D_i。

(2) 计算平均值：

$$\overline{D}=\sum_{i=1}^{n}\frac{D_i}{n}$$

(2) 求残差。按 $\nu_i=D_i-\overline{D}$ 公式计算出各个残差值(见表 4-1)。

表 4-1 残差计算表

i	1	2	3	4	5	6	7	8	9
D_i	15.22	15.24	15.23	15.44	15.20	15.24	15.25	15.22	15.24
$\overline{D}$	15.25								
ν_i	-0.03	-0.01	-0.02	+0.19	-0.05	-0.01	0	-0.03	-0.01
ν_i^2	0.009 0	0.001 0	0.000 4	0.036 1	0.002 5	0.000 1	0	0.000 9	0.000 1

i	10	11	12	13	14	15
D_i	15.23	15.22	15.24	15.27	15.25	15.24
$\overline{D}$	15.25					
ν_i	-0.02	-0.03	-0.01	0.02	0	-0.01
ν_i^2	0.000 4	0.000 9	0.000 1	0.000 4	0	0.000 1

(4) 求测量列中单次测量的标准偏差：

$$\sigma=\sqrt{\frac{1}{n-1}\sum_{i=1}^{n}\nu_i^2}=\sqrt{\frac{0.043}{14}}\approx 0.055\text{mm}$$

(5) 判别粗大误差。测量列中所出现的最大残差 $|\nu_4|=0.19$。根据 3σ 方法,$|\nu_4|>3\sigma=$

0.166mm。看来第 4 个测量值可看做异常值,可以将其去掉,然后,从第二步开始重新进行计算。注意此时测量次数要减去含粗大误差的测量次数(计算参见表 4-2)。

求测量列中单次测量的标准偏差:

$$\sigma = \sqrt{\frac{1}{n-1}\sum_{i=1}^{n}\nu_i^2} = \sqrt{\frac{0.0041}{13}} \approx 0.017\text{mm}$$

通常,异常值只能去掉一次,否则得出的高精度是虚假的。

表 4-2　粗大误差修正后的残差计算表

i	1	2	3	4	5	6	7	8	9
D_i	15.22	15.24	15.23	—	15.20	15.24	15.25	15.22	15.24
$\overline{D}$					15.23				
ν_i	−0.01	0.01	0	—	0.03	0.01	0.02	−0.01	0.01
ν_i^2	0.000 1	0.000 1	0	—	0.000 9	0.000 1	0.000 4	0.000 1	0.000 1

i	10	11	12	13	14	15
D_i	15.23	15.22	15.24	15.27	15.25	15.24
$\overline{D}$			15.23			
ν_i	0	−0.01	0.01	0.04	0.02	0.01
ν_i^2	0	0.000 1	0.000 1	0.001 6	0.000 4	0.000 1

(6) 计算算术平均值的标准偏差:

$$\sigma_r = \sigma/\sqrt{n} = 0.005\text{mm}$$

(7) 估算测量不确定度:

$$\sigma_{r\lim} = \pm 3\sigma_r = \pm 3 \times 0.005 \approx 0.02\text{mm}$$

(8) 最后得到测量结果:

$$D = \overline{D} + \delta_{r\lim} = (15.23 \pm 0.02)\text{mm}$$

第三节　间接测量误差的处理

由图 4-2 可知,需要通过对若干直接测量的量进行函数关系计算才能得出该被测量值的测量,称为间接测量。显然,直接测量量的误差必然会引起间接测量量的误差。如何由若干直接测量量的误差通过已知的函数关系而求出间接测量量的误差称为误差传递问题。通常,在求间接测量的误差时,首先假定间接测量的量与各直接测量的量之间的函数关系式是正确无误的。也就是说,间接测量的误差纯粹是由各直接测量的误差所引起的。其次,假定各直接测量的测量值中,凡含有粗大误差的异常值均已被剔除。

一、间接测量误差计算

在间接测量中,函数形式主要是初等多元函数。设函数 y(间接测量的量) 和各分量 x_1, x_2,…,x_m(各直接测量分量) 之间的一般函数关系式为

$$y=F(x_1,x_2,\cdots,x_m) \tag{4-34}$$

多元函数的增量可用函数的全微分表示为

$$\mathrm{d}y=\frac{\partial F}{\partial x_1}\mathrm{d}x_1+\frac{\partial F}{\partial x_2}\mathrm{d}x_2+\cdots+\frac{\partial F}{\partial x_m}\mathrm{d}x_m \tag{4-35}$$

此式即作为间接测量误差的基本计算公式。式中 $\mathrm{d}y$ 为函数误差；$\mathrm{d}x_1,\mathrm{d}x_2,\cdots,\mathrm{d}x_m$ 为各个直接测量量的误差；$\partial F/\partial x_1,\partial F/\partial x_2,\cdots,\partial F/\partial x_m$ 为各个误差的传递函数。

1. 间接测量系统误差计算公式

在间接测量中，将已定系统误差 $\Delta x_1,\Delta x_2,\cdots,\Delta x_m$，代替式(4-35)中的 $\mathrm{d}x_1,\mathrm{d}x_2,\cdots,\mathrm{d}x_n$，可近似地得到间接测量的已定系统误差 Δy。下式即间接测量系统误差的计算公式：

$$\Delta y=\frac{\partial F}{\partial x_1}\Delta x_1+\frac{\partial F}{\partial x_2}\Delta x_2+\cdots+\frac{\partial F}{\partial x_m}\Delta x_m \tag{4-36}$$

2. 间接测量随机误差计算公式

通常直接测量量的随机误差的大小是用标准偏差来表示的，因此需要确定间接测量量 y 的标准偏差与各直接测量分量 $x_1,x_2,\cdots,x_m$ 的标准偏差之间的关系。

设函数的一般形式为

$$y=F(x_1,x_2,\cdots,x_m)$$

现做了 n 次重复测量，相应的随机误差为 $\delta_{x_{1i}},\delta_{x_{2i}},\cdots,\delta_{x_{mi}}$ $(i=1,2,\cdots,n)$。根据式(4-35)可得 y 的随机误差为

$$\delta_{yi}=\frac{\partial F}{\partial x_1}\delta_{x_{1i}}+\frac{\partial F}{\partial x_2}\delta_{x_{2i}}+\cdots+\frac{\partial F}{\partial x_m}\delta_{x_{mi}},\quad i=1,2,\cdots,n \tag{4-37}$$

将式(4-37)两边取平方，得

$$\delta_{yi}^2=\left(\frac{\partial F}{\partial x_1}\right)^2\delta_{x_{1i}}^2+\left(\frac{\partial F}{\partial x_2}\right)^2\delta_{x_{2i}}^2+\cdots+\left(\frac{\partial F}{\partial x_m}\right)^2\delta_{x_{mi}}^2+2\sum_{\substack{j,k=1\\ j\neq k}}^{m}\frac{\partial F}{\partial x_{ji}}\frac{\partial F}{\partial x_{ki}}\delta_{x_{ji}}\delta_{x_{ki}} \tag{4-38}$$

将 $i=1,2,\cdots,n$ 代入式(4-38)并进行累加，可得

$$\sum_{i=1}^{n}\delta_{yi}^2=\left(\frac{\partial F}{\partial x_1}\right)^2\sum_{i=1}^{n}\delta_{x_{1i}}^2+\left(\frac{\partial F}{\partial x_2}\right)^2\sum_{i=1}^{n}\delta_{x_{2i}}^2+\cdots+\left(\frac{\partial F}{\partial x_m}\right)^2\sum_{i=1}^{n}\delta_{x_{mi}}^2+ 2\sum_{\substack{j,k=1\\ j\neq k}}^{m}\left(\frac{\partial F}{\partial x_i}\frac{\partial F}{\partial x_i}\delta_{x_{ji}}\delta_{x_{ki}}\right) \tag{4-39}$$

将式(4-39)两边均除以 n，并根据式(4-18)，可得

$$\sigma_y^2=\left(\frac{\partial F}{\partial x_1}\right)^2\sigma_{x_1}^2+\left(\frac{\partial F}{\partial x_2}\right)^2\sigma_{x_2}^2+\cdots+\left(\frac{\partial F}{\partial x_m}\right)^2\sigma_{x_i}^2+R \tag{4-40}$$

式中

$$R=\sum_{\substack{j,k=1\\ j\neq k}}^{m}\frac{\partial F}{\partial x_j}\frac{\partial F}{\partial x_i}\frac{\sum_{i=1}^{n}\delta_{x_{ji}}\delta_{x_{ki}}}{n}$$

若各直接测量的量之间是相互独立的，且当测量次数 n 足够多时，存在

$$\sum_{i=1}^{n}\delta_{x_{ji}}\delta_{x_{ki}}\approx 0$$

则式(4-40)可简化为

$$\sigma_y^2=\left(\frac{\partial F}{\partial x_1}\right)^2\sigma_{x_1}^2+\left(\frac{\partial F}{\partial x_2}\right)^2\sigma_{x_2}^2+\cdots+\left(\frac{\partial F}{\partial x_m}\right)^2\sigma_{x_m}^2 \tag{4-41}$$

即

$$\sigma_y=\sqrt{\left(\frac{\partial F}{\partial x_1}\right)^2\sigma_{x_1}^2+\left(\frac{\partial F}{\partial x_2}\right)^2\sigma_{x_2}^2+\cdots+\left(\frac{\partial F}{\partial x_m}\right)^2\sigma_{x_m}^2} \tag{4-42}$$

式中 $\sigma_{x_1},\sigma_{x_2},\cdots,\sigma_{x_m}$ —— 各直接测量分量 $x_1,x_2,\cdots,x_m$ 的标准偏差。

3. 间接测量结果的给出

在流体力学实验数据处理中，当各个直接测量量及其误差为已知时，可根据所选定的函数关系式按下列步骤得出间接测量结果：

(1) 根据函数关系式，由各直接测量量计算出间接测量 y_0。

(2) 由各直接测量值的标准偏差，可用式(4-42)计算出间接测量值的标准偏差 σ_y。

(3) 取间接测量量的不确定度 $\pm 3\sigma_y$。

(4) 写出实验结果。

例 4-2 如图 4-2 的第二种方法所示，用测量立方体三个边长的方法测量其体积。计算公式为 $V=abc$。已知 $a=900\text{mm},\sigma_a=1.0\text{mm};b=45.2\text{mm},\sigma_b=0.1\text{mm};c=30.5\text{mm},\sigma_c=0.1\text{mm}$。假设系统误差已经修正，试写出测量结果。

解 (1) 求体积的大小：

$$V_0=abc=1\ 240\ 740\ \text{mm}^3$$

(2) 根据式(4-42)求出体积测量的标准偏差为

$$\sigma_V=\sqrt{\left(\frac{\partial V}{\partial a}\right)^2\sigma_a^2+\left(\frac{\partial V}{\partial b}\right)^2\sigma_b^2+\left(\frac{\partial V}{\partial c}\right)^2\sigma_c^2}$$

各直接测量量对体积测量的误差传递系数为

$$\frac{\partial V}{\partial a}=bc=1\ 378.6\text{mm}^2$$

$$\frac{\partial V}{\partial b}=ac=27\ 450\ \text{mm}^2$$

$$\frac{\partial V}{\partial c}=ab=40\ 680\ \text{mm}^2$$

$$\sigma_V=\sqrt{(1\ 378.6)^2\times(1.0)^2+(27\ 450)^2\times(0.1)^2+(40\ 680)^2\times(0.1)^2}\approx 5\ 097\ \text{mm}^3$$

(3) 写出测量结果为

$$V=1\ 240\ 740\pm 15\ 292=(1.241\pm 0.015)\times 10^6\ \text{mm}^3$$

二、间接测量误差分配

间接测量遇到的另一类问题是在测量前给定了间接测量量误差的允许值，要求确定各直接测量量允许的误差范围，从而合理地选择仪器，即通常所说的间接测量量的随机误差分配问题。

间接测量量的随机误差分配问题实际上是在式(4-42)中，已知 σ_y，求两个以上的未知数 σ_{x_i}，在数学上是不可能的。为此，一般按下列步骤处理。

首先假设各个直接测量的量对间接测量量所引起的误差均相等，即

$$\sigma_y=\sqrt{\left(\frac{\partial F}{\partial x_1}\right)^2\sigma_{x_1}^2+\left(\frac{\partial F}{\partial x_2}\right)^2\sigma_{x2}^2+\cdots+\left(\frac{\partial F}{\partial x_m}\right)^2\sigma_{x_m}^2}=\sqrt{m\left(\frac{\partial F}{\partial x_1}\right)^2\sigma_{x_1}^2}=$$

$$\sqrt{m\left(\frac{\partial F}{\partial x_2}\right)^2\sigma_{x2}^2}=\cdots=\sqrt{m}\frac{\partial F}{\partial x_1}\sigma_{x_1}=\sqrt{m}\frac{\partial F}{\partial x_2}\sigma_{x_2}=\cdots \tag{4-43}$$

由此可得

$$\sigma_{x_1}=\frac{\sigma_y}{\sqrt{m}}\Big/\frac{\partial F}{\partial x_1},\quad \sigma_{x_2}=\frac{\sigma_y}{\sqrt{m}}\Big/\frac{\partial F}{\partial x_2},\quad \cdots \tag{4-44}$$

然而，人为假设各个直接测量的误差对间接测量误差的影响是相等的条件(称为等效法原则)来分配各直接测量误差的允许值，很可能会出现不合理的情况，会造成对有的物理量的测量精度要求过高。若要达到所要求的测量精度必须改用昂贵的高精度仪器或重复测量很多次数，这在有些情况下是难以做到的；而对有的物理量的测量精度要求偏低，没有充分利用现有测量仪器具有的测量精度。这样的要求是很不合理的。

实际工作中经常对按等效法原则所分配的各直接测量量的误差作适当的调整。对现有测量仪器中实验测量误差小于分配误差的，按已有精度来减小分配误差值，将结果代入间接测量误差计算公式进行验算。对现有仪器的测量精度达不到分配误差要求的直接测量量，应设法采取改用精度较高的测量仪器、增加重复测量次数以及改进测量方法等措施，尽量减小这些直接测量量的误差。然后根据上述调整后的直接测量误差代入间接测量误差计算公式进行验算。通过这样的反复试凑直到满足间接测量量的误差要求为止。

例 4-3　如果要求例 4-2 中所测出的体积的极限误差 $\delta_{V\lim}=\pm 0.015\times 10^6$ mm，试问 a，b，c 各直接测量量允许有多大的误差？

解　由极限误差可得

$$\sigma_V=\frac{1}{3}\delta_{V\lim}=0.005\times 10^6\ \mathrm{mm}$$

根据等效法原则

$$\sigma_a=\frac{\sigma_V}{\sqrt{3}}\Big/\frac{\partial V}{\partial a}=2.00\ \mathrm{mm}$$

$$\sigma_b=\frac{\sigma_V}{\sqrt{3}}\Big/\frac{\partial V}{\partial b}=0.10\ \mathrm{mm}$$

$$\sigma_c=\frac{\sigma_V}{\sqrt{3}}\Big/\frac{\partial V}{\partial c}=0.07\ \mathrm{mm}$$

以上根据等效法原则得到的对 a 的测量精度要求较低，而对 c 的测量精度要求偏高，这样显然不合理。如果根据测量仪器的实际情况，调整各量的测量精度为例 4-3 的值，进行验算，实际上不用更高级的仪器就可以达到测量的精度要求。

第四节　实验数据处理

通常，实验数据的处理包括误差的处理和实验结果的表示等工作。下面将介绍在实验数据处理过程中经常会遇到的如何用有效数字的概念进行数字修约和近似值计算，以及常用的几种实验结果表示方法。

一、有效数字的概念

对于给出的数据，从左边第一个不为零的数字算起至右边最末一位数字都称为有效数字。对于作为测量结果给出的数据表示最后一位有效数字是可疑数字。最后一位的可疑数字

表示有 ±1 个单位(或 ±0.5 个单位)的误差。因此对于作为测量结果的数据必须按有效数字的概念正确给出。

直接测量时,根据测量器具的示值读出的被测量值,一般只保留一位可疑数字。例如,使用标尺最小刻度为 mm 的直尺测量得到的结果为 16.8mm,前面两位是从标尺的分度值上读出的可靠数字,最后一位“8”是相邻刻度间的内插估计值,是一个可疑数字(欠准数字)。如果写成 13.80 则表示前面三个数字是可靠数字,最末位为估计值,直尺的最小刻度为 0.1mm,这样的结果就不符合实际了。

在表示测量结果的极限误差时,一般只取 1 或 2 位有效数字。测量结果的有效数字的末位数应与极限误差的末位数取相同的数位,例如(16.8 ± 0.5)mm。

常数 π,e 以及 $\sqrt{3}$ 等有效数字位数,需要几位就可写到几位,通常比测得值多取 1 或 2 位。

二、数字修约

整理实验数据时,需要的有效数字位数确定后,应对数字进行修约,即将有效数字以后的数字按一定的规则舍去。舍去的规则一般为:被舍去的第一位小于 5,则被保留的末位不变;被舍去的第一位大于 5,则在被保留的末位上增加 1。例如 e = 2.718 28 取四位为 e = 2.718。被舍去的第一位等于 5 时,按“偶数原则”处理:被保留的位数是奇数时应增加 1;被保留的位数是偶数时保持不变。例如,0.811 5 取三位有效数字时为 0.812,0.812 5 取三位有效数字时同样为 0.812。

三、近似值的计算

测量所得的数据一般都是有误差的,这种数值叫近似值。近似值的运算应根据有效数字的概念来进行。原则上,近似值加减运算结果的有效位等于其中末位最大的有效位。近似值乘除运算结果的有效数字个数等于其中有效数字个数最少的。但实际工作中并不要求这么严格,只要求在运算过程中不致产生会降低测量精度的计算误差就可以了。尤其是运用计算机整理实验数据时,不妨在进行运算的过程中比预定测量结果的有效数字位数多 1 或 2 位,然后在给出最后的测量结果时,根据测量误差所确定的有效数字位数作数字修约。

四、实验结果的表示

通常,实验结果的表示方法有列表法、作图法和公式法等。

1. 列表法

列表法是将实验条件、实验自变量和测试数据以表格的形式表示出来的方法。如果编排适当,列表法有使用方便、数据准确的优点。例如,表 4-3 是典型的翼型升力特性实验结果。

表 4-3　某翼型实验数据

迎角 /(°)	−2	0	2	4	6	8	10	12	14
升力系数	−0.028 7	0.102 2	0.290 0	0.437 7	0.637 0	0.840 1	0.944 7	1.037 3	1.885
备　注	$Re = 4.9 \times 10^5$								

2. 作图法

作图法是将实验条件、实验自变量和测试数据以图形的形式表示出来的方法。作图法的特点是形象直观、便于观察趋势、便于结果的宏观比较等。例如，图 4-5 为某飞机的升力特性曲线。作图法表示的结果可以是离散的，也可以是经过适当处理后的连续曲线。

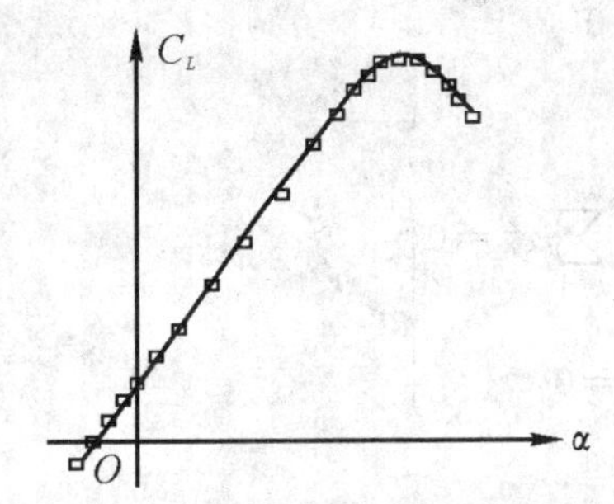

图 4-5 飞机升力特性实验结果示意图

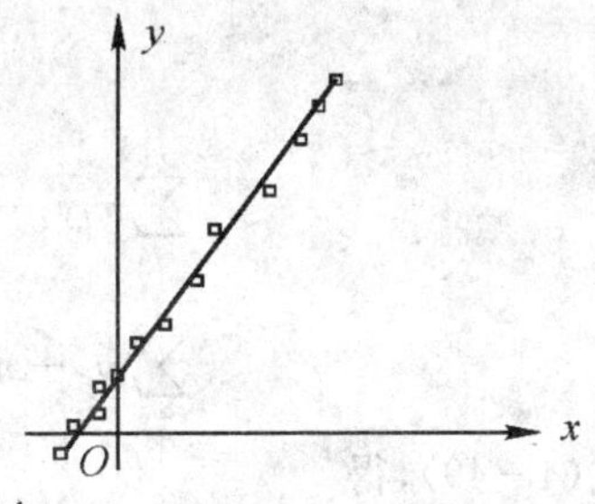

图 4-6 最佳直线示意图

3. 公式法

公式法是将实验结果以公式的形式表示出来的方法。它使实验结果便于分析和应用。公式的得出可以采用观察图形法、图解实验法、表差法和回归分析法等。下面着重介绍回归分析法的基本思想。

(1) 最小二乘法原理。设 A 是一组等精度测量值中的最佳值(即最可信赖的值，并不是真值)，则 A 与各测量值 $a_i(i=1,2,\cdots,n)$ 之间差值的平方和为最小。最小二乘法原理是一个数学原理，这在实验技术中有着广泛的应用。

(2) 一元线性回归(最佳直线方程问题)。有些实验结果所描述的曲线为一条直线，如飞机在小迎角时随迎角变化的曲线，如图 4-6 所示。由最小二乘法原理知最佳直线与各数据点距离的平方和最小的直线。

设最佳直线方程为

$$Y=Kx+b \tag{4-45}$$

计算值 Y_i 与测得值 y_i 之差为

$$\delta_{yi}=y_i-Y_i=y_i-(Kx_i+b) \tag{4-46}$$

其平方和为

$$Q=\sum_{i=1}^{n}\delta_{y_i}^2=\sum_{i=1}^{n}[y_i-(Kx_i+b)]^2 \tag{4-47}$$

可见，Q 是待定系数 K 和 b 的函数。根据最小二乘法原理，最佳曲线应满足 Q 值为最小的条件，即

$$\left.\begin{array}{ll}\dfrac{\partial Q}{\partial K}=0, & \dfrac{\partial Q}{\partial b}=0\\ \dfrac{\partial^2 Q}{\partial K^2}>0, & \dfrac{\partial^2 Q}{\partial b^2}>0\end{array}\right\} \tag{4-48}$$

对式(4-47)求偏导数，代入方程式(4-48)，得

$$\frac{\partial Q}{\partial K}=-2\sum_{i=1}^{n}[y_i-(Kx_i+b)]xi=0$$

$$\frac{\partial Q}{\partial b}=-2\sum_{i=1}^{n}[y_i-(Kx_i+b)]=0$$

$$\frac{\partial^2 Q}{\partial K^2}=2\sum_{i=1}^{n}x_i^2>0$$

$$\frac{\partial^2 Q}{\partial b^2}=2n>0$$

由此得

$$\left.\begin{aligned}&\sum_{i=1}^{n}x_iy_i-b\sum_{i=1}^{n}x_i-K\sum_{i=1}^{n}x_i^2=0\\&\sum_{i=1}^{n}y_i-nb-K\sum_{i=1}^{n}x_i=0\end{aligned}\right\}\tag{4-49}$$

解方程组式(4-49),得

$$\left.\begin{aligned}K&=\frac{\sum_{i=1}^{n}x_i\sum_{i=1}^{n}y_i-n\sum_{i=1}^{n}x_iy_i}{\left(\sum_{i=1}^{n}x_i\right)^2-n\sum_{i=1}^{n}x_i^2}\\b&=\frac{\sum_{i=1}^{n}x_iy_i\sum_{i=1}^{n}x_i-\sum_{i=1}^{n}y_i\sum_{i=1}^{n}x_i^2}{\left(\sum_{i=1}^{n}x_i\right)^2-n\sum_{i=1}^{n}x_i^2}\end{aligned}\right\}\tag{4-50}$$

显然,式(4-50)的分母应不为零。由此,可以确定该问题的最佳直线方程。

(3) 一元二次回归(最佳二次曲线方程问题)。有时实验结果所描述的曲线呈二次曲线,如飞机的阻力系数曲线,如图4-7所示。

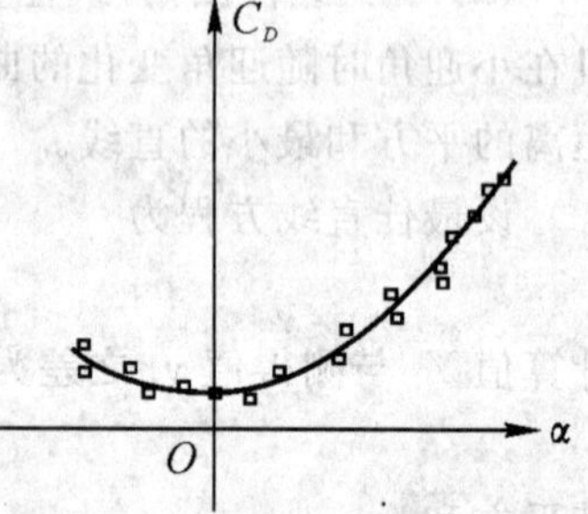

图4-7 最佳二次曲线示意图

回归时可设方程为

$$Y=a+bx+cx^2\tag{4-51}$$

同样可按最小二乘法原理列出三个偏微分方程式来求解 a,b,c 三个待定系数。最后须求解方程组

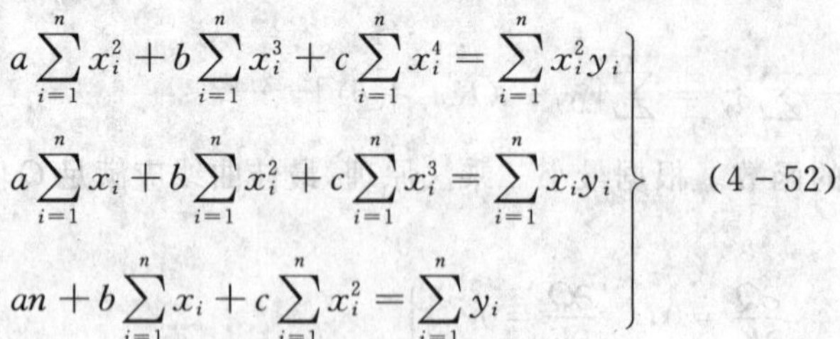

$$\left.\begin{aligned}&a\sum_{i=1}^{n}x_i^2+b\sum_{i=1}^{n}x_i^3+c\sum_{i=1}^{n}x_i^4=\sum_{i=1}^{n}x_i^2y_i\\&a\sum_{i=1}^{n}x_i+b\sum_{i=1}^{n}x_i^2+c\sum_{i=1}^{n}x_i^3=\sum_{i=1}^{n}x_iy_i\\&an+b\sum_{i=1}^{n}x_i+c\sum_{i=1}^{n}x_i^2=\sum_{i=1}^{n}y_i\end{aligned}\right\}\tag{4-52}$$

确定了 a,b,c 三个待定系数后,即可得到最佳二次曲线的方程。

回归法可分为一元、多元和线性、非线性回归。目前许多商用数据处理软件都有大量的回归分析内容,使用起来非常方便。这里只向初学者进行概念性的介绍。

思考题

一、填空题

1. 按照误差的特点和性质，误差可分为________误差、________误差和________误差。准确度表示测量结果中________误差的大小。斜管压力计未测压差前有 3mm 的水柱高度，该值属于________误差。

2. 由正态分布随机误差________的特征，可以推得系列测量中多次测量的平均值可以近似地作为被测量值的真值。

3. 按有效数字舍入规则，32.325 5 取五位有效数字为________，取四位有效数字为________，取三位有效数字为________。

4. 在实际测量工作中做有限次数的重复测量时，出现绝对值很大误差的可能性很小，可以认为它是不会出现的，这就是误差的________性。

5. 已知 $y=3x$，x 的标准偏差为 σ，y 的标准偏差为________。

二、计算题

1. 某等精度测量列的数据为 2.3，2.4，2.2，2.4，2.4，2.3，3.5，问其中是否存在含有粗大误差的异常值？

2. 对流场中某一点的风速用热线风速仪做了 9 次重复测量，风速测得值 v 为13.01m/s，13.14m/s，13.17m/s，13.36m/s，13.38m/s，13.53m/s，13.59m/s，13.71m/s，13.80m/s，并测得热线风速仪在风速为零时的初读数为零，末读数为 0.8 m/s。设每次测量之间的时间间隔是相等的，初读数误差随测量次数线性变化。试写出风速测量结果。

3. 在开口回流式低速风洞中用风速管及液柱式压强计测量风速，函数关系式为

$$v=\sqrt{2RT\rho_{ye}gh/p}$$

现对各有关物理量做多次相互独立的直接测量，得到如下数据（系统误差已修正）：大气压强 $p=$ 101 340 Pa，$\sigma_p=$ 40 Pa；大气温度 $T=$ 294.0 K，$\sigma_T=$ 0.3 K；压强计量液密度 $\rho_{ye}=$ 810 kg/m^3，$\sigma_{ye}=$5 kg/m^3；压强计液柱高度 $h=$ 100 mm，$\sigma_h=$ 0.5 mm；气体常数 $R=$ 287 N·m/(kg·K)，重力加速度 $g=$ 9.81 m/s^2。试求间接测量的风速大小及其误差。

三、证明题

试推证等精度测量列平均值误差小于单次测量值误差。

第五章　流体力学实验的基本设备

学习本章后应掌握的内容：

(1) 流体力学实验设备的分类。

(2) 实验设备设计时应遵循的基本原则。

(3) 各种实验设备的基本构造、类型及工作原理。

流体力学实验的设备种类繁多，这些设备多数是为模拟某种流动现象而专门设计的。例如，研究低速气流的设备中最常见的是低速风洞。低速风洞中($Ma < 0.4$)压缩性影响忽略不计，主要的相似参数是雷诺数(Re 数)。研究高速气流的设备主要有高亚声速风洞、跨声速风洞、超声速风洞和高超声速风洞等。它们在保证一定的 Re 数的基础上主要模拟的相似参数是马赫数(Ma 数)。研究液体的流动现象时常用的是水洞、水槽和水池等，其模拟的主要相似参数是弗劳德数(Fr 数)。

本章将详细介绍流体力学实验的几类基本设备，并对其基本原理进行介绍，目的是让读者能够对基本的内容有较深刻的认识。掌握了这些最基本的内容就可以触类旁通，从而为以后更深入的学习打下一个良好的基础。

第一节　流体力学实验的基本设备概述

流体力学实验的设备有很多种，本节将主要以风洞和水洞为范例介绍流体力学实验设备最基本的原理。

一、风洞

进行空气动力学实验可以采用有动力或无动力的模型在飞行条件下进行实验(飞行实验方法)，也可以将模型固定在运动的携带设备上进行实验(携带实验法)，或者将模型固定在风洞中并以一定的气流吹过模型来进行实验(风洞实验法)。风洞实验法是进行空气动力学实验的主要方法。

风洞是一种按一定要求设计的管道装置，该管道借助于动力装置产生可以调节的气流，在被称为实验段的地方能够模拟或基本上模拟实物在大气流场中的情况，以供各种空气动力实验使用。它是进行空气动力实验最常用、最有效的工具。

风洞实验是飞行器研制工作中的一个不可缺少的组成部分，在航空、航天工程的研究和发展中起着重要作用。随着工业空气动力学的发展，风洞实验研究在交通运输、房屋建筑、风能利用和环境保护等部门中也得到越来越广泛的应用。

风洞以实验段风速或马赫数的不同可划分为低速风洞($Ma = 0 \sim 0.4$)、亚声速风洞

($Ma=0.4\sim0.8$)、跨声速风洞($Ma=0.8\sim1.4$)、超声速风洞($Ma=1.4\sim5.0$)、高超声速风洞($Ma=5\sim22$) 等几类。这种分类方式是最常用的。

二、水洞

水动力学实验装置是流体力学中以水为介质的一类实验设备，水动力学实验设备与空气动力学实验设备模拟的相似准则是不同的。

由于水的密度约为空气的 800 倍，重力对介质的作用不可忽略，这样的流动现象中浮力效应起主要作用，Fr 数是主要的相似性参数。由前面的介绍可以知道，Fr 数的物理意义是惯性力与重力之比的平方根，即

$$\frac{\text{流体惯性力}}{\text{流体重力}}=\frac{\rho v^2/l}{\rho g}=\frac{v^2}{gl}$$

$$Fr=\frac{v}{\sqrt{gl}} \tag{5-1}$$

式中，Fr 数是表征重力对流动影响的相似准则。实际流动的 Fr 数和模型实验的 Fr 数相等就是两者重力作用相似。舰船模型实验、明渠流动实验等都必须满足 Fr 数相似。

需要指出的是，Fr 数是在忽略表面张力的情况下进行研究的，而当研究水气交界面的流动，例如波浪、潮汐、海流、风生流、导弹出水入水问题时，除了浮力效应外，还应考虑表面张力的影响，这时，表面张力常常是重要的因素。

另外，在很多情况下还需要考虑水和蒸汽之间的相变，特别是在流场中局部压力小于饱和蒸汽压时产生的空化现象，它对水坝、汇洪道、水翼、螺旋桨等绕流问题均有重要的影响。在需要模拟空化现象时，就需要模拟空化数。空化数的定义为

$$\sigma=\frac{p-p_v}{\frac{1}{2}\rho u^2} \tag{5-2}$$

式中，p_v 为液体的饱和蒸汽压；ρ 为液体的密度；u 为来流速度；p 为来流静压。要使上述流动相似，必须保证模型的空化数和 Fr 数与原型相等。假设模型缩尺比为 k，原型和模型的饱和蒸汽压相等，则模型的($p-p_v$) 压力值应为原型的 k 倍。因此在进行空化实验时，常常需要将实验设备抽真空或进行加压。

第二节　低速风洞

低速风洞有直流式和回流式两种基本形式。按照实验段结构的不同又可分为开口风洞和闭口风洞。如图5-1至图5-3所示是低速风洞最常见的形式。目前世界上大多数风洞是回流式的，回流式风洞实际上是将直流式风洞首尾相接，形成封闭回路，气流在风洞中循环回流，既节省能量又不受外界例如阵风、旋涡等的干扰影响，温度可得到控制，并减少对外界噪声的排放。直流式风洞易受外界大气的干扰(指进、出气口在室外的大型直流式风洞，如果不采取措施，会受到阵风、雨雪和异物等的影响)，噪声会使环境嘈杂，实验段的压强低于洞外大气的压强。直流式风洞的优点在于：进行垂直短距起落飞机实验时产生的大的横向流变化不会带入回流，发动机可在清洁的空气中运转，不存在冷却问题等。

一、低速风洞的分类

低速风洞按照用途来分类，主要有以下几种：二维风洞(二元风洞)、三维风洞(三元风洞)、低紊流度风洞、变密度风洞、尾旋风洞、阵风风洞、自由飞风洞、结冰风洞、垂直短距起落实验风洞等。另外，随着我国汽车工业的迅速发展，近年来也出现了专门用于汽车空气动力实验的汽车风洞。

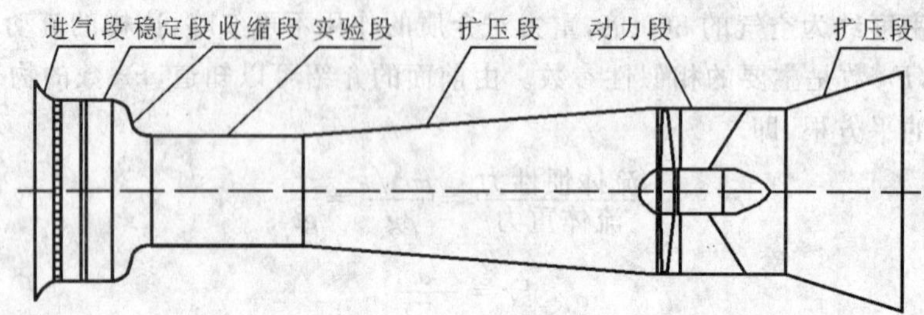

图 5-1　闭口直流式低速风洞示意图

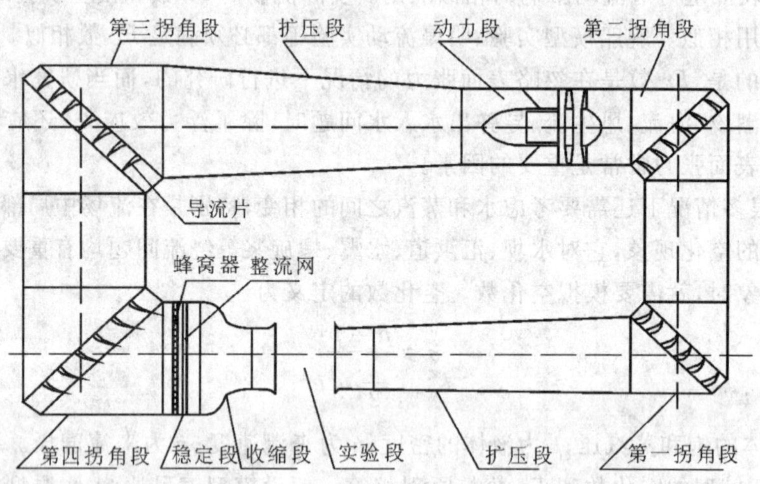

图 5-2　开口回流式低速风洞示意图

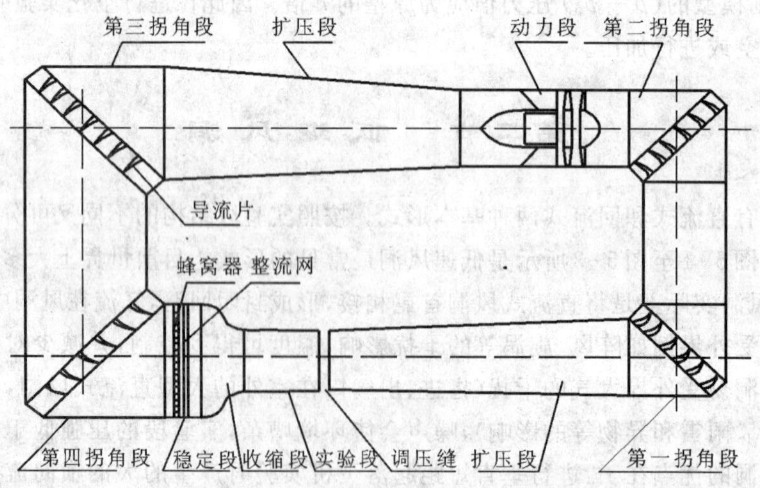

图 5-3　闭口回流式低速风洞示意图

1. 二维风洞(二元风洞)

二维风洞主要用于研究翼型的空气动力特性,其主要特点是实验段横截面呈长方形,高度约为宽度的2.5～4倍。长方形的实验段截面形状使得翼型模型两端可以与实验段侧壁相贴合,最大程度上减小模型与风洞洞壁处三维的展向流动,并保证模型展向中心位置处保持不小于50%的二维流动区域。

2. 三维风洞(三元风洞)

三维风洞对实验段横截面的高度和宽度比例没有特殊要求,可进行各种模型的三维实验,用以测量作用在模型的空气动力和表面或空间流场的压强分布等,是应用范围较为广泛的一种风洞。对于要做旋成体实验的此类风洞,通常要求高度和宽度相当;对于要做固定翼飞机实验的此类风洞,通常要求宽度大于高度。

3. 低紊流度风洞

低湍流风洞实验段气流的原始紊流度很低,接近高空大气中的紊流度。低紊流度风洞中的原始紊流度可低于0.08%(高空大气中的紊流度约为0.03%,一般风洞中的原始紊流度可能达到0.2%～2%)。低紊流度风洞主要用于研究受紊流度影响较大的流动,例如进行附面层特性研究及其控制、湍流模型的验证等。这类风洞可以是二维的或三维的,结构上的特点是采用大的收缩比,在稳定段中安装了多层整流网。通常,低紊流度风洞的紊流度是可调的,一般通过增加和减少不同的格栅数量来实现。

4. 变密度风洞

变密度风洞中气流的密度可人为改变,从而获得不同的雷诺数。改变气流密度的方法,可采用比空气密度大的气体作为风洞工作介质,也可以采用改变气流总压的方法来改变密度,即增压风洞。前者因采用的气体价格昂贵,而且比热比可能与空气不相同,故一般不采用。增压风洞是最常见的变密度风洞。

5. 尾旋风洞

尾旋风洞供研究飞机尾旋飞行特性之用,主要以自由飞方式研究飞机尾旋的发展和如何改出尾旋(见图5-4)。其实验段气流的方向由下而上,速度大小要使模型尾旋时保持既不上升又不下降的悬停状态,以便观测改出尾旋的情况。为使尾旋模型保持在实验段中心附近,实验段中心处气流速度比边缘大约低5%～10%,即实验段横截面上的速度分布呈碟形。

6. 阵风风洞

阵风风洞又称为突风风洞,这种风洞可以产生模拟阵风的人工气流,通过模型实验研究飞机飞行中适应自然阵风能力的特种风洞。阵风风洞较为少见。

7. 自由飞风洞

自由飞风洞可以允许模型在实验段气流中进行自由飞行。低速自由飞风洞一般是直流式的,其特点是气流方向和速度大小均可迅速调节,以模拟各种动态飞行状态。模型可带动力,也可不带。模型的操纵面偏角由洞外遥控操纵。实验时使用高速摄影机记录,可得到模型的操纵性和稳定性资料。

8. 结冰风洞

飞机在特定空域穿越冷暖气流,机身上附着的水分就容易结冰。而结冰对飞机的安全影响很大,除能改变飞机质量外,最主要的危害是会改变飞机关键部位的形状,造成升力不足。研究表明,只要机翼的翼前缘有半寸结冰,就足以使飞机损失约50%的升举动力,并增加相同数量的阻力。因此,在普通情况下 2 min 的结冰就可能造成机毁人亡。结冰风洞就是在上述研究需求下产生的。此风洞主要用于研究飞行中的物体上或寒风中的构筑物上结冰及其排除方法的特种风洞,其特点是在稳定段前装有冷却器,稳定段中装有喷雾器,以便在实验段中模拟真实流场中的结冰条件。

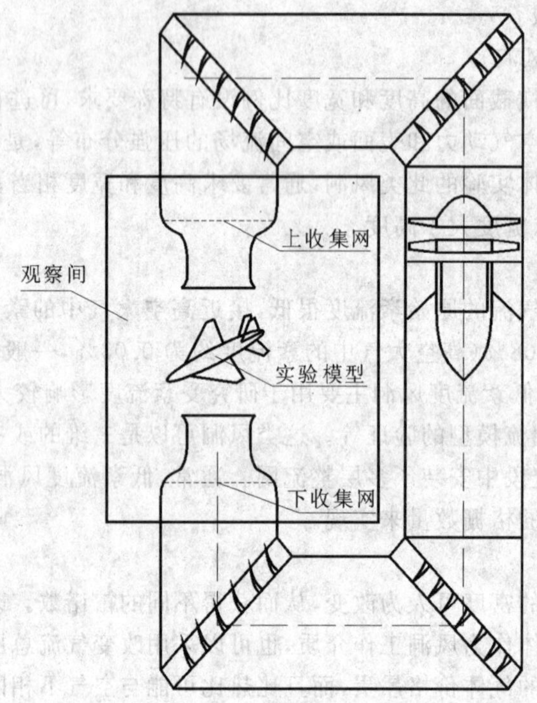

图 5-4　尾旋风洞示意图(为清楚起见,模型已放大许多倍)

10. 汽车风洞

汽车风洞包括全天候风洞、声学风洞、气动力风洞等。全天候风洞(或气候风洞)可改变气流温度、湿度、阳光强弱和其他气候条件(雨、雪等)。声学风洞在建造过程中采用了多种降噪措施,背景噪声极低,可以分离并测量出汽车行驶时产生的气动噪声。这两种风洞统称为特种风洞。其余一般风洞都是气动力风洞。近年来新建的风洞,都是气动/声学风洞,或气动/气候风洞,甚至气动/声学/气候风洞,这类风洞又称为多用途风洞。

汽车风洞与航空风洞有所不同,比如,汽车主要是在陆地上行驶,因此汽车风洞要充分模拟地面附面层的影响,而航空风洞则要通过各种方式消除风洞洞壁效应的影响。

二、低速风洞的组成部分

虽然低速风洞的形式是多种多样的,但各种低速风洞的主要组成部分和工作原理都是基本相同的。现以常见的闭口回流式低速风洞作为范例(见图 5-3),讲述低速风洞各主要部件的名称、功用和基本原理。

1. 实验段

实验段是风洞中模拟飞行流场,进行模型空气动力实验的部件,是整个风洞的核心。

大家知道,飞机在高空中巡航飞行时,来流是均匀的,而且紊流度极低。这就要求实验段的气流稳定、速度大小和方向在空间分布均匀、原始紊流度低、静压梯度低以及噪声低等。这些方面国内外都已规定了具体的流场品质指标，应予满足。需要说明的是，在做地面建筑物风载荷实验时，对实验段气流品质的要求并不是要均匀，而是要模拟地面大气边界层的情形，简单地讲，即地面风速小，高空风速大，而且紊流度也不是越低越好。

流场品质指标有很多。例如，对实验段模型区内点流向 $|\Delta\alpha|$ 或 $|\Delta\beta|$ 规定不应超过0.5°；对平均流向规定：$|\Delta\alpha_{pj}| \leqslant 0.1^\circ$ 时实验数据可不作气流偏角修正，$|\Delta\alpha_{pj}| > 0.1^\circ$ 时要作气流偏角修正，$|\Delta\alpha_{pj}| > 0.5^\circ$ 时流场品质不合格；对轴向静压梯度（沿实验段中心线的静压分布）要求 $|\mathrm{d}c_p/\mathrm{d}x| \leqslant 0.005\ \mathrm{m}^{-1}$。

通过前面的介绍，大家还知道，在低速模型实验时，除了要保证几何相似以外，还要保证模型和真实飞行器的 Re 数相等。雷诺数的定义是

$$Re = \rho vl/\mu \tag{5-3}$$

式中　ρ —— 空气密度；

v —— 气流速度；

l —— 飞行器（或实验模型）的参考尺度；

μ —— 空气动力黏性系数。

要保证实验环境与飞行环境相似，必须保证飞行和实验的雷诺数相等或接近。但是由于通常真实飞行器的尺度较大，而模型的尺度较小，因此通常希望风洞实验时气流速度尽量大些，然而这又要受到空气压缩性的限制。所以实际研究中常常希望实验段几何尺寸尽量大，以放置较大的模型，从而保证实验雷诺数达到一定的数值。对于风洞来讲，特别是航空风洞，可以说“实验段越大越好”，当然这往往受限于经费和动力等条件。为了增加实验雷诺数，人们还常常采用增压和降温的方法增加空气密度以增加实验雷诺数。

低速风洞实验段的横截面形状有圆形、长方形、正方形、椭圆形和八角形等。现有风洞采用长方形带切角者居多。闭口实验段的长度一般是横截面积当量直径的 1.5 ～ 2.5 倍，开口实验段一般是 1 ～ 1.5 倍。

一般闭口实验段沿轴向（气流方向）有扩散角，或沿轴向逐渐减小各截面的四个切角所切除的面积，使横截面积沿轴向逐渐扩大，以减小由于壁面附面层沿轴向增厚而产生的负静压梯度，使之符合流场品质的要求。

2. *稳定段与整流装置*

稳定段是实验段前的一段横截面相同的大管道。它具有一定的长度，一般都装有整流装置。其功用在于使来自上游紊乱的不均匀的气流稳定下来，旋涡衰减，速度和方向均匀性提高。其截面积大是为了降低气流速度，以减少整流造成的损失，因为流动损失与速度的三次方成正比。

整流装置是指蜂窝器和整流网，其作用是减小旋涡尺度和使气流流速均匀。蜂窝器是由许许多多截面为方形或六角形、轴向方向有一定长度的紧密排列的小管道构成的，形如蜂窝。整流网是网眼小、网线直径也小的金属网，类似窗纱，可有一层或数层。蜂窝器对气流起导向作用，并可使大旋涡的尺度减小，使气流的横向紊流度得以降低。整流网可使大尺度的旋涡分割为小尺度的旋涡，而小尺度的旋涡可在整流网后面的稳定段的足够长度内迅速衰减下来，从而使气流的紊流度特别是轴向紊流度明显减小。此外，气流通过整流装置的能量损失与来流速度的大小有关。如果来流截面内速度不均匀，通过整流装置时速度大的损失大，速度小的损

失小，故整流装置又可使气流速度分布趋于均匀。设计良好的稳定段可使气流的紊流度、流动方向和速度分布均匀度等都得到明显改善。

3. 收缩段

收缩段是一段顺滑过渡的收缩曲线形管道，位于稳定段与实验段之间，其作用主要是使来自稳定段的气流均匀地加速，并有助于实验段的流场品质（气流的均匀性、紊流度等）得到改善。收缩段的设计应满足下列要求：气流沿收缩段流动时，流速单调增加，以避免气流在洞壁上发生分离；收缩段出口处气流速度分布均匀，方向平直，并且稳定；收缩段的长度适当，长度过长基建费用大，气流能量损失也会大。收缩段能否满足这些要求，主要决定于两个方面：收缩比和收缩曲线。

若收缩段的进口截面积为 A_1，出口截面积为 A_0，则 $n = A_1/A_0$ 称为收缩比。在一定的实验段横截面积和速度的条件下，收缩比取大一些，可使稳定段的速度相对降低，使稳定段、蜂窝器和整流网在提高流场品质方面的效果相对好一些，而引起的气流能量损失也相对小一些。实验证明，收缩段出口与进口的气流脉动速度均方根值近于相等。按一维流计，则出口气流紊流度是进口的 $1/n$。也就是说，虽然收缩段不能降低气流脉动的绝对值，但可以通过提高主流速度而降低脉动的相对值。由此可知，大的收缩比有助于得到较好的实验段流场品质。但收缩比增大后洞体的横截面积和长度都增大，风洞的造价显著提高。一般低速风洞的收缩比取为 5 ～ 10，低紊流风洞的收缩比取得更大一些。

收缩曲线的设计通常用位流理论并结合实验的方法，一般可以得到满意的收缩曲线。设计收缩曲线的具体方法很多，这里不再一一叙述。

4. 扩压段

低速风洞的扩压段是一种沿气流方向扩张的管道，故又称扩散段。其主要作用在于使气流减速，从而减小风洞中气流的能量损失，降低风洞工作所需的功率。气流在管道中的能量损失与流速的三次方成正比。流速低，则损失小。因此实验段之后需要用扩压段过渡使洞体截面增大，以降低流速，减小流动损失。当然扩压段本身也会引起气流的能量损失。扩压段损失包括摩擦损失和扩压损失两部分。摩擦损失是气流与洞壁摩擦引起的损失。摩擦损失与管道长度成正比。扩压损失是指气流在逆压梯度作用下发生分离而引起的损失。一般是扩压段扩张角过大而引起扩压损失急剧增加，这样，扩压段的扩张角取大一些，管道长度可以减小，摩擦损失可减小，但扩压损失会增大。反之，扩张角减小，摩擦损失会增大，扩压损失会减小。实验证明，三维扩张角的最佳值是 5° ～ 6°。

5. 动力段

动力段的功用是向风洞内的气流补充能量，以保证气流以一定的速度运转。气流在风洞内流动时，由于摩擦及分离等原因，气流的能量是有损失的，气流每循环一周都有一定的压强降落。必须不断地向气流补充能量，风洞内的气流才有可能恒稳地运转。

低速风洞一般采用轴流风扇作动力。低速风洞的动力风扇通常由下列几部分组成：动力段外壳（圆截面管道）、风扇动叶轮（由桨毂和若干叶片组成）、驱动风扇的电动机、整流罩（包括前罩和尾罩）、静叶。静叶又称导流片，位于整流罩与外壳之间（在风扇之前的叫预扭片，在风扇之后的叫止旋片或反扭片）。电动机可安装于整流罩之内，也有的安装于洞体之外（通过长轴驱动风扇）。动力段的功用是向风洞内的气流补充能量，以保证气流以一定的速度运转。

6．调压缝(孔)

闭口回流式低速风洞实验段的后方，一般都有调压缝(通气缝)或调压孔(通气孔)。调压缝(孔)的功用是向风洞内补充空气，以保持实验段的压强与风洞外环境大气的压强基本相等。由于闭口回流式风洞中整个回流道的压强均高于洞外环境的大气压强，而洞体不可能绝对密封，故有一部分空气会从洞内漏出。如果不向风洞内补充空气，实验段的压强将会降到环境大气压强以下。这就要求在模型支架穿过洞壁处必须有密封装置，否则环境大气会被吸入实验段，破坏实验段气流的均匀性。有了调压缝(孔)，气流在此处的静压强与环境大气压强相等，实验段的静压强也就与环境大气压强基本相等了，从而使实验段洞壁的密封装置可以相对简单处理。

7．拐角段与导流片

低速回流式风洞中，气流在回流式风洞回流一周要折转 360°，为使气流的能量损失减小，最好的方法是用尽量平缓弯曲的管道使气流逐渐折转，然而这是不实际的，因为这样设计出来的风洞将会占据很大的空间，费用也将急剧上升。因此回流式风洞通常都有四个使气流折转 90° 的拐角，使得来自实验段的气流依次通过第一、第二、第三和第四拐角，实现气流的回转。气流能量在第一和第二拐角段的损失非常大，而在四个拐角段总的能量损失约占整个风洞能量损失的 30％～50％。

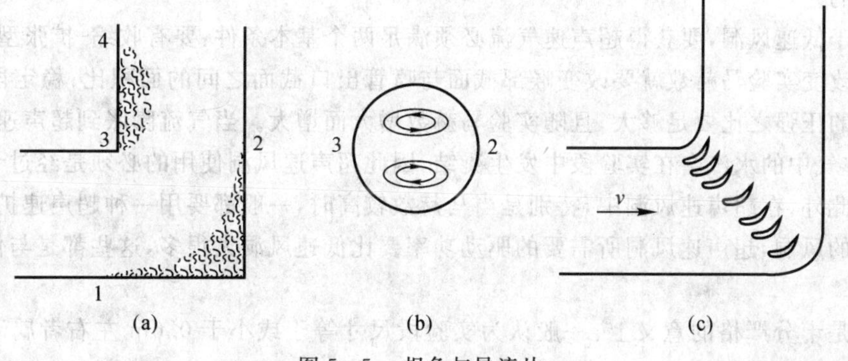

图 5－5　拐角与导流片

气流流经 90° 拐角易产生分离和旋涡，从而流动很不均匀，并产生脉动。这是因为，在拐角处气流流线弯曲，由于离心力的作用，与平行流动相比较，沿拐角外侧由 A 点至 B 点(见图 5－5(a))压强逐渐增高；沿内侧压强下降，C 点压强最低，由 C 点至 D 点压强回升。在这两个压强顺流增大的区域，气流会发生分离，形成旋涡。这种作用，随着内外侧之间的距离增大而增强，随着内外侧之间的距离减小而减弱。与此同时，核心流由于速度较大，惯性也大，而趋于一直向前，形成了拐角处外侧的压强高于内侧的压强，从而产生了压差。而靠近上下壁面的气流由于黏性作用，速度较低，在内外侧压差作用下产生了由外侧向内侧的运动。于是，在横截面上产生了如图 5－5(b) 所示的回流，出现了两个与主流方向垂直的旋涡，称为“二次流”。二次流有将最大速度区向外移置的作用，它与主流叠加在一起，使整个气流的速度大小和方向都不均匀。

与上述简单的拐角不同，风洞中拐角一般都装有导流片，如图5-2至图5-4所示各拐角段内导流片的存在，相当于将一个大的拐角分割成为若干个小的拐角。对于每个小的拐角，内外侧之间的距离显著减小，因而气流分离和旋涡都显著减弱下来。导流片的功用就在于减小气流流经拐角所产生的分离，减小二次流旋涡的强度，从而减少气流的能量损失，使气流流过拐角后的流场品质得到改善。第二拐角后的流场品质好，会使其后的风扇的效率提高。第四拐角后的流场品质得到改善，会使实验段的流场品质好。

在第一拐角外，由于流经它的气流速度较高，为了减少导流片本身所引起的气流能量损失，导流片应布置得适当稀疏一些。在第三拐角和第四拐角处的流速较低，导流片布置得适当密一些所引起的能量损失不大。第三拐角和第四拐角宜制成空心的，内通以冷却水，兼作冷却器之用，防止风洞中气流温度上升得过高。

导流片的横截面形状，有圆弧形、圆弧加直线形和翼剖面形。第四拐角的导流片，如果安装上可以调节的后缘，可用来调整气流水平方向的偏角。

第三节　超声速风洞

实验段气流马赫数范围在1.4～5.0范围内的风洞称为超声速风洞。超声速风洞最早出现在20世纪20年代，现在世界上许多大型超声速风洞是在20世纪50年代建造的，例如隶属于美国空军的世界上最大的超声速风洞(4.88m×4.88m，Ma =1.5～4.75)，就是在1956年前后建成的。

不同于低速风洞，要获得超声速气流必须满足两个基本条件：要有收缩-扩张型喷管(拉瓦尔管)，要改变实验马赫数就要改变喉部截面与喷管出口截面之间的面积比；稳定段压强与扩压段出口的压强之比要足够大，且随实验马赫数增大而增大。当气流膨胀到超声速时，温度急剧下降，空气中的水汽会在实验段中发生凝结，因此超声速风洞使用的必须是经过干燥处理过的气体。此外，在超声速风洞中，特别是当马赫数较高时，一般都要用一种超声速扩压段；对于同样尺寸的风洞，超声速风洞所需要的驱动功率要比低速风洞大很多，这些都是与低速风洞不同的地方。

在不是十分严格的意义上，一般认为实验段尺寸等于或小于0.6m左右者属于小型超声速风洞，实验段尺寸为1m左右者属于中型超声速风洞。

超声速风洞的发展动向，是改善现有风洞的性能，提高测量、控制的技术水平。为了研究超声速飞行时的减阻技术等，尚须兴建低紊流度和低噪声的超声速风洞。

一、超声速风洞的形式

按照吹风方式的不同，可将超声速风洞划分为连续式和间歇式两大类。连续式超声速风洞可像一般低速风洞那样连续工作，实验条件易于控制，实验不受时间的限制，但驱动功率要比间歇式超声速风洞大很多，而且还要解决连续运转所带来的高温、噪声等技术问题，因此建造成本往往非常高。如图5-6所示是连续式超声速风洞的示意图。

间歇式超声速风洞，又称暂冲式超声速风洞，按产生压强比的方式不同，又可分为吹气式、吸气式、引射式、吹-吸式和吹-引式等类型。吹气式最为多见，示意图如图5-9所示，吸气式示意图如图5-7所示，引射式示意图如图5-8所示。

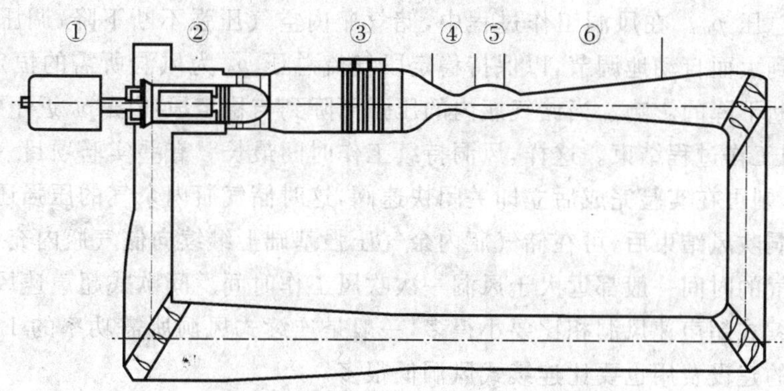

图 5－6　连续式超声速风洞的示意图

①— 电机；②— 轴流式压气机；③— 冷却器；④— 喷管；⑤— 实验段；⑥— 超音速扩压段

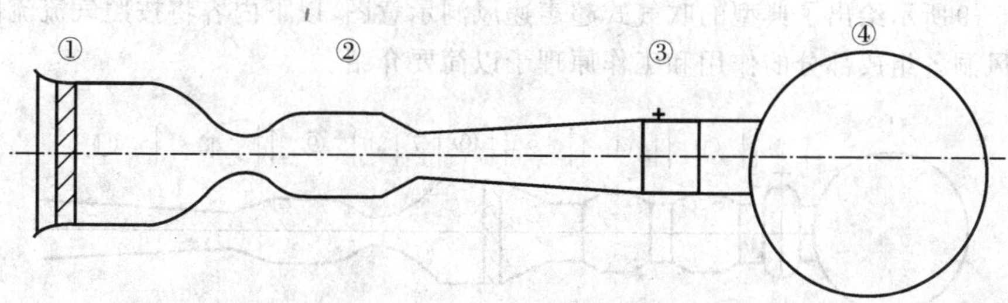

图 5－7　吸气式超声速风洞的示意图

①— 空气干燥器；②— 实验段；③— 快速阀；④— 真空罐

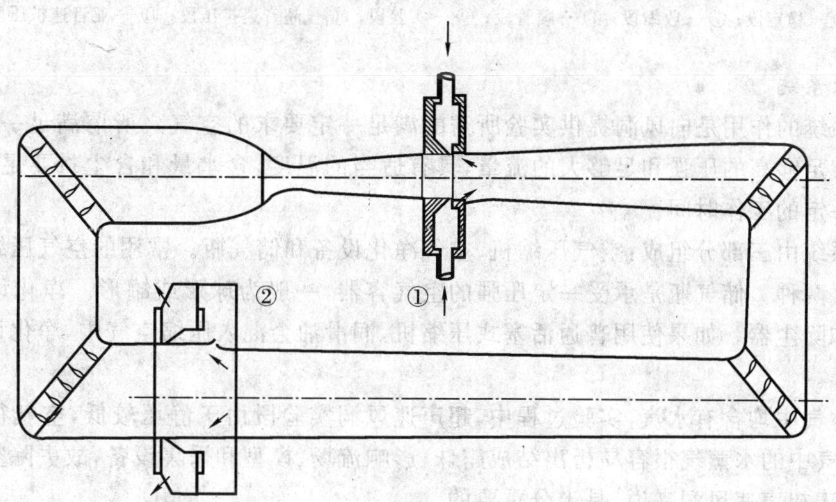

图 5－8　引射式超声速风洞的示意图

①— 引射气流；②— 出气阀

间歇式超声速风洞的工作过程，以吹气式为例，大致如下：风洞工作前，向储气瓶内充气。当储气瓶内的空气压强达到一定值时，风洞即可开始工作。这时首先开启截止阀，然后开启快速阀，来自储气瓶的空气通过调压阀，流经稳定段、收缩段、喷管段、实验段、超声速扩压段和亚声速扩压段，最后排入大气。风洞开始工作之前，储气瓶内的空气压强应远高于风洞所需

的稳定段气流总压 p_0。在风洞工作过程中，储气瓶内空气压强不断下降，调压阀的通道面积则不停地由小到大而自动地调节，以保持稳定段气流总压 p_0 为风洞所需的恒定值，它不受储气瓶内压强不断下降的影响。当储气瓶内的压强下降到与稳定段压强 p_0 近于相等时，立即关闭快速阀，风洞工作过程结束。这样，风洞持续工作时间最长。有些实验项目一次不需要这么长的工作时间，则可在实验完成后立即关闭快速阀，这时储气瓶内余气的压强还高于所需的稳定段压强。风洞吹风结束后，可在储气瓶内余气压强基础上继续向储气瓶内充气，准备进行下一次吹风。充气的时间一般都远大于风洞一次吹风工作时间。间歇式超声速风洞所需动力设备的功率比连续式超声速风洞相比要小得多，一般是连续式风洞所需功率的 1/15 ～ 1/10，因而间歇式风洞的建设费用也要比连续式风洞低很多。

二、超声速风洞的组成部分

如图 5-9 所示给出了典型的吹气式超声速风洞示意图，以下内容将按照气流流向的顺序，对超声速风洞各组成部分的作用和工作原理予以简要介绍。

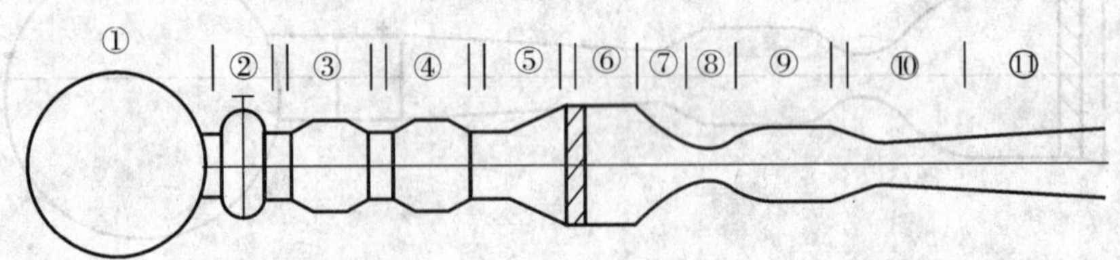

图 5-9　吹气式超声速风洞的示意图

①— 储气罐；②— 截止阀；③— 快速阀；④— 调压阀；⑤— 大角度扩散段；⑥— 稳定段；⑦— 收缩段；⑧— 喷管段；⑨— 实验段；⑩— 超音速扩压段；⑪— 亚音速扩压段

1. 气源系统

气源系统的作用是向风洞提供实验所需的满足一定要求的空气。所谓满足一定要求，主要是指具有足够高的压强和足够大的流量，具有适当的温度，含水量和含尘量要足够低，并要保证风洞一定的工作时间。

气源系统由三部分组成：空气压缩机、空气净化设备和储气瓶。常用的空气压缩机有活塞式和离心式两种。储气瓶是承受一定压强的空气容器，一般为球形或罐形。净化设备主要包括除水器和除尘器。如果使用普通活塞式压缩机，润滑油会混入压缩空气中，净化设备还应包括除油器等。

自然空气中均含有水汽，实验过程中，超声速风洞实验段由于静压较低，空气很容易达到“露点”，空气中的水蒸气很容易析出结成露珠，影响流场、模型和采集设备，故去除空气中所含的水分，对于超声速风洞来说，是十分重要的。

2. 阀门

吹气式超声速风洞一般使用三类阀门，即截止阀、快速阀和调压阀。截止阀（又称总阀）的特点是气密性较好，但较笨重，开启与关闭的速度慢，因而在超声速风洞中截止阀常用于长时间切断气源。快速阀的特点是可以快速地开启或关闭，一般只需要几秒钟，甚至更快，可节约气源，增加风洞工作时间，但其气密性一般较差，因此不宜用于完全切断气源。调压阀用于在储气瓶内压强不断下降的情况下保持风洞中的稳定段气流总压 p_0 为某一恒定值。在超声速风洞开始工作前，调压阀已开启到一定位置，快速阀开启后，来自储气瓶压强高的气流受到调压阀的节流作用而降低到所需的压强 p_0。在风洞开始工作后，来自储气瓶的气流压强不断下降，调压阀则自动地增大开启面积，减少压降，以保证稳定段气流的总压 p_0 在风洞工作时间内始终保持所要求的恒定值(一般要求总压的脉动量不超过 0.3%)。

3. 大角度扩散段

大角度扩散段是从阀门管道到稳定段之间的过渡段。大角度扩散段的设置主要是为了阀门管道出口与稳定段进口在几何上相匹配，因为两者截面尺寸相差较大，也是为了降低风洞长度，以节省建设投资。

4. 稳定段

超声速风洞的稳定段又称为前室。作用在于为下游收缩段创造均匀来流的进口条件，构造上与低速风洞稳定段基本相同，并同样安装有蜂窝器、整流网等。

5. 收缩段

超声速风洞收缩段的作用与低速风洞收缩段基本相同，同样是使来自稳定段的气流均匀地加速，并有助于实验段气流的均匀性、紊流度等流场品质得到改善。超声速风洞收缩段可分为前、后两段。前段收缩比固定，与稳定段相接。后段与喷管合为一体，收缩比随实验马赫数而变化，在喷管喉部与喷管曲线相衔接，使气流在喉部达到声速。

6. 喷管段

风洞中气流在进入实验段前必须经过一个拉瓦尔喷管而达到超声速。只要喷管前后压力比足够大，实验段内气流的速度只取决于实验段截面积与喷管喉道截面积之比。拉瓦尔喷管又称收缩-扩张型喷管，其功用是产生超声速气流。因为超声速气流的马赫数大小取决于喷管出口横截面积(即实验段进口横截面积)A 与喉道横截面积 A^* 之比，所以要获得不同的马赫数，就要用面积比不同的喷管。

为了保证喷管出口的超声速气流平直均匀，从喉道到出口的喷管曲线要按照超声速特征线方法精心设计。喷管曲线可分为前、后两段。前段又称初始段，后段又称消波段。前段与后段的分界点称为转折点，如图 5-10 所示。前段从喉道声速截面起，喷管曲线逐渐向外扩张，气流中产生一系列的膨胀波，直到转折点。在后段中，曲线逐渐向内折，直到出口处与喷管轴线平行。沿内折的曲线，产生一系列的压缩波，以抵消前段的膨胀波到达后段表面产生的反射波，最后在实验段入口形成平直均匀的超声速气流。

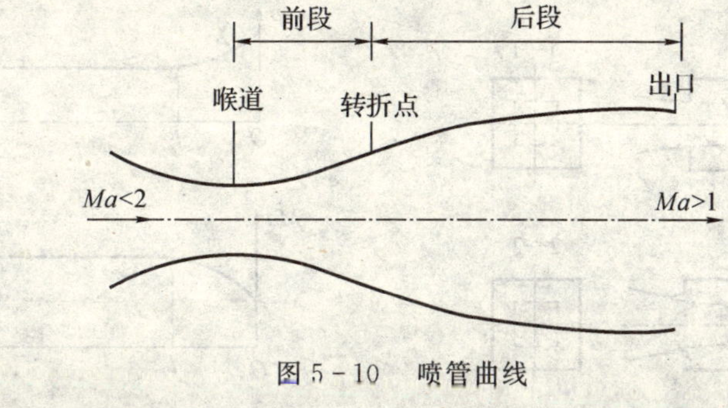

图 5-10　喷管曲线

构成超声速风洞的喷管一般为二维形状，即两侧壁为平壁，上、下壁为曲线壁。要在实验段内获得不同马赫数，而保证实验段截面积保持不变，就须改变喷管喉道横截面的高度和上、下曲线壁的外形。喷管的构造有两种：固壁喷管和柔壁喷管。固壁喷管一般是全金属的或者是在金属骨架上覆盖环氧树脂等复合材料加工而成的。固壁喷管的曲线壁固定不变，故只适用一个实验马赫数，如果需要改变马赫数则需要改变曲线壁形状，因而必须更换喷管。固壁喷管结构简单，曲线壁的理论外形在加工中易于保证，其缺点在于实验中不能连续改变马赫数，而且装拆不方便。柔壁喷管的曲线壁由多支点的弹性板构成，每一个支点均铰接在一个作动筒上，适当改变作动筒行程，便可得到所需要的曲线壁外形，从而可以连续、方便地改变实验马赫数。

7. 实验段

超声速风洞实验段一般都是闭口的，横截面形状多采用正方形或宽大于高的长方形。超声速风洞实验段的流场品质也应满足一定的要求。

如果喷管的几何尺寸一定，则实验段气流的马赫数一定(假设不计附面层位移厚度变化产生的影响)。若收缩段和喷管段的设计制造是良好的，可认为气流从稳定段到实验段是等熵流动。已知稳定段气流参数总压 p_0、总温 T_0 和密度 ρ_0，可按等熵关系式计算出实验段的气流参数静压 p、静温 T 和密度 ρ，并可计算出实验气流的动压 q 和声速 a 等。具体的计算公式这里不再叙述。

8. 超声速扩压段和亚声速扩压段

实验段下游的超声速扩压器由收缩段、第二喉道和扩散段组成，通过喉道面积变化使超声速流动经过较弱的激波系变为亚声速流动，以减小流动的总压损失。亚声速扩压段是一个单纯扩散的管道，使来自超声速扩压段的亚声速气流进一步降低流速，提高静压，以减少能量损失。

第四节　跨声速风洞

马赫数范围约为 0.8 ～ 1.4 的风洞称为跨声速风洞。与一般超声速风洞相比，跨声速风洞有一些不同之处，主要体现在：

(1) 超声速风洞实验段的壁面是实壁，而跨声速风洞实验段的壁面是通气壁(开孔或开槽的固体壁)，四壁为通气壁或两壁为通气壁。通气壁外面是一个空腔，这个空腔叫做驻室(见图 5 - 11)。通气壁包括开孔壁、开槽壁和气槽兼有的通气壁。通气壁的通气面积与壁面总面积之比，称为开闭比。在一定条件下，实验段部分空气可通过通气壁流入驻室。

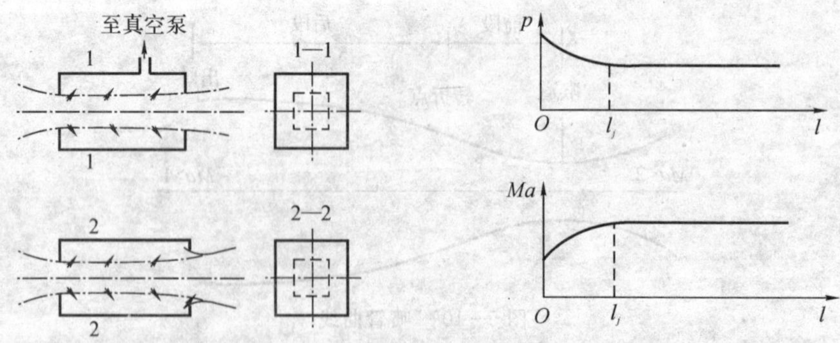

图 5 - 11　跨声速风洞的实验段

(2) 超声速风洞实验段之前有一个先收缩后扩张的超声速喷管，风洞工作时在喷管喉道处马赫数为 1，在喷管出口处马赫数大于 1。而跨声速风洞则不同，实验段前面是单纯收缩的管道(图 5-11 中阴影部分),管道出口处马赫数最高为 1。

(3) 要在超声速实验段中得到不同的马赫数,需要改变管道的面积比。而在跨声速风洞中只要改变实验段入口处静压与驻室静压之比,就可用同一个单纯收缩管道(即面积比不变)获得跨声速范围内不同的马赫数。

跨声速风洞的出现是相当晚的。在跨声速实验的发展史上,曾遇到过许多困难问题,一直到 20 世纪 40 年代末,有了通气壁之后,跨声速风洞才进入实用阶段。这些困难问题,其一是实验段气流的拥塞,其二是壁面反射波的干扰,其三是亚声速时的洞壁干扰。现就这三个问题阐述通气壁的功用。

(1) 防止实验段气流发生拥塞,获得跨声速流动。在实壁的实验段内,当来流接近声速时,会发生拥塞现象。当模型安装于实验段中时,在模型与洞壁之间会形成最小截面。即使实验段中没有模型,由于洞壁附面层的存在,也会在实验段形成有效截面最小的截面。当来流马赫数大致为 0.8 时,在最小截面上马赫数就达到 1,尽管来流还处于亚声速范围,但由于最小截面流量的限制,无论怎样提高风洞的压强比,也不能使来流马赫数进一步提高。也就是说,在实壁的实验段中得不到跨声速气流。因此,早期的跨声速实验只能将模型装在飞机机翼上表面或风洞底壁的凸形曲面上,利用上表面曲率产生的跨声速区进行实验。这样不仅模型不能太大,而且气流也不均匀。

实验段采用通气壁解决了气流拥塞问题。实验段采用通气壁,并适当抽出驻室内的空气,模型前方的一部分空气流入驻室,因受最小截面限制而无法通过的那部分流量可以通过驻室排走。这样,最小截面前的气流马赫数就能超过 0.8,从而在实验段中建立起跨声速气流。只要保持驻室内的压强适当地低,使之等于风洞工作时的马赫数和相应总压下的静压值,那么,气流一进入实验段后就会有一部分空气穿过通气壁进入驻室。这种穿过通气壁的流动一直到实验段的压强与驻室内的压强相等为止(如图 5-11 所示,从实验段进口处 l 为 0 起到 l_1 为止,这一段称为加速区),最后得到了马赫数符合风洞工作要求的均匀的跨声速气流。由此可知,当气流沿实验段向下游流去时,利用通气壁不断地减小通过实验段的气流流量,可起到与几何喷管相同的作用。

通气壁可以将实验段气流流量排到驻室,那么,在风洞工作过程中,就需要将驻室内的空气不断地排出。有两种方法,一种方法是泵抽式(见图 5-11(a)),这种方法是利用真空泵将驻室内的空气抽出,而这部分抽出的空气将在适当的部位再回流到风洞中去;还有一种方法是主流引射式,如图 5-11(b) 所示,扩压段进口横截面积稍大于实验段出口横截面积,形成了驻室通往扩压段的缝隙,在主流的引射作用下,驻室内空气被通过缝隙抽出来而进入扩压段,驻室压强大小与缝隙大小有关,可通过调节扩压段进口的壁板来调节缝隙大小。

(2) 减小或消除洞壁反射波的干扰。当实验段马赫数接近于 1 和略大于 1 时,模型上会产生波角很大的激波,该激波与实壁相遇后会形成打在模型上的反射激波。如果激波与自由空气边界("空气壁")相遇,则会产生发射膨胀波,打回到模型上。这种反射改变了模型表面的压强分布,破坏了正常的绕流,与原型流场的绕流完全不同,使得测量结果误差很大或者不可用。采用通气壁技术,通气壁上既有实壁又有"空气壁",模型产生的激波一部分遇到实壁而产生反射激波,另一部分遇到"空气壁"而产生反射膨胀波。这些相互间隔的反射激波和反射膨胀波,在离洞壁一定距离处相遇而相互抵消。只要通气壁的开闭比适当,就可以将洞壁反射波的干扰降到最低限度。特别是开孔壁,当开孔的几何参数选择得合适时,在相当大的马赫数范围内，可以达到近于"无反射"的程度。

(3) 减小或消除亚声速时的洞壁干扰。在跨声速风洞中，亚声速时的洞壁干扰相当严重，而闭口实验段和开口实验段的洞壁干扰恰好具有相反的效果。因此，采用通气壁，只要通气壁的开闭比选择恰当，就可以减小甚至消除洞壁干扰。

综上所述，建立跨声速流场的三个困难问题，最终都通过通气壁解决了。然而，不同的问题所要求的通气壁开闭比不同，不同的马赫数、不同的模型和不同的模型姿态所要求的开闭比也不同，通过综合考虑，可将通气壁设计成可变开闭比的形式，由实验确定最佳开闭比。如果是固定开闭比的通气壁，开槽壁的开闭比一般取为 10% 左右，开孔壁约为 20%(直孔壁) 和 6%(斜孔壁)。斜孔壁在减小和消除洞壁干扰方面优于直孔壁。一般来说，开孔壁在减小或消除壁面反射波干扰方面优于开槽壁，而在减小或消除洞壁干扰方面不如开槽壁。

高速气流通过孔壁时会产生很大的噪声，因此通气壁是跨声速风洞中的一个重要噪声源，斜孔壁产生的噪声较直孔壁更严重一些。因此，采取必要的减噪措施也是建造跨声速风洞需要克服的难点之一。

在柔壁和通气壁的基础上发展起来的自修正风洞，是减小和消除洞壁干扰的新的探索。实验已经证明，自修正风洞能明显减小洞壁干扰。用自修正风洞来减小跨声速壁面反射波干扰，这是一个重要的发展方向。

第五节　高超声速风洞

一、高超声速流动特点

高超声速风洞指实验段气流马赫数范围在 5 ～ 22 的超声速风洞，主要用于导弹、人造卫星、航天飞机的模型实验。实验项目通常有气动力、压力、传热测量和流场显示，还有动稳定性、低熔点模型烧蚀、质量引射和粒子侵蚀测量等。高超声速风洞主要有常规高超声速风洞、低密度风洞、激波风洞、热冲风洞等形式。

航天飞机返回地面时，以飞行马赫数 30 左右从飞行高度约 150km 开始再入大气层。航天飞机的高超声速飞行须经历从自由分子流区到高超声速连续流区的不同阶段。在高超声速连续流区，虽然飞行马赫数不是很高(约为 5 ～ 12.5)，但飞行雷诺数较高，气流总温总压很高，存在真实气体效应。

所谓真实气体效应，是指飞行器高超声速飞行时出现的高温加热效应，航天飞机在高超声速连续流区飞行时，机体前方强弓形激波的压缩和高超声速流在附面层内受黏性阻滞而造成的能耗，都会产生高温，可达 6 000K，甚至更高。温度高于 6 000K 以后，随着温度进一步升高，气体分子会出现振动、离解、电离现象，从而改变空气的性质，比热比不再保持为常数而随温度变化，完全气体状态方程不再适用，等熵关系式失效，焓不再随温度线性增加，同时受到压强的影响。

真实气体效应是航天飞机在高超声速连续流区飞行时所遇到的最主要气动力问题，对其空气动力特性有相当大的影响。例如，真实气体效应使航天飞机迎风面前部压力稍有增加，而迎风面后部压力稍有减小，于是高超声速纵向配平状态出现明显差别，从 $Ma > 8$ 开始，在 $Ma = 16 \sim 26$ 区间差别最大。美国航天飞机 STS-1 在任务飞行中，为了保持配平攻角为 40°，其机身襟翼偏转了 16°，这比风洞预测的 7° 偏转高出了 9°。这种"高超声速异常"现象，其主要起因是风洞实验无法模拟真实气体效应。

要在一个实验设备中全面地模拟航天飞机返回进入飞行的各个阶段，这是十分困难的。在高超声速连续流区，航天飞机空气动力实验要求模拟的主要参数是马赫数、雷诺数和焓。当实验段气流马赫数在 5 ～ 14 范围时，不需要模拟高焓环境；当实验段气流马赫数大于 14 时，需要同时模拟高马赫数和高焓环境（故有些文献也将马赫数范围在 5 ～ 22 之间的风洞称为超高速风洞）。目前还没有能够全面模拟航天飞机飞行马赫数、飞行雷诺数和焓的实验设备。

二、高超声速风洞

高超声速风洞指实验段气流的马赫数在 5 ～ 22 之间的风洞。高超声速风洞内，气流温度很高，从而可以避免空气液化，保证气流等熵膨胀到马赫数 5 以上。

与超声速风洞相比较，高超声速风洞有与其相同之处，比如，高超声速风洞也有连续式和间歇式两种形式。不同之处在于，在高超声速风洞中都安装了空气加热器，高超声速风洞的压强比显著高于超声速风洞，高超声速风洞中气流总温高，会使喷管喉部过热，须采取冷却措施，高超声速喷管的曲壁形状变化剧烈，喉部窄小，且高温下易变形，故通常采用轴对称型喷管。

高超声速风洞大都是间歇式的。又因为要在风洞中获得 $Ma > 5$ 的气流，一般来说，单靠上游高压空气的吹冲作用还不能产生足够的压力差，因此高超声速风洞多以吹-吸式（见图 5-12）较为多见。加热器如果采用电阻式加热器，可使气流总温加热到约 1 500K。这一温度能使气流在 $Ma < 14$ 时不至于液化，但只能模拟 $Ma \leqslant 6$ 时的焓值，不能模拟高超声速范围内更高马赫数时的焓值。

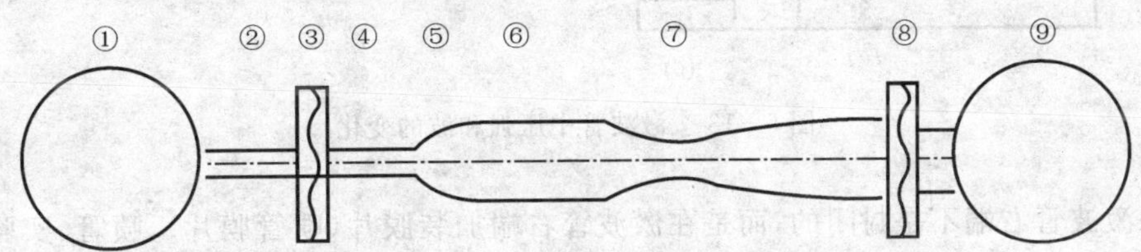

图 5-12 高超声速风洞的实验段

①— 高压容器；②— 调压阀；③— 加热器；④— 快速阀；⑤— 喷管；
⑥— 实验段；⑦— 可调的超音速扩压段；⑧— 冷却器；⑨— 真空箱

激波风洞是一种常见的高超声速风洞。它的工作原理是利用激波压缩实验气体，再用定常膨胀方法产生高超声速实验气流。

激波风洞是在激波管的基础上发展起来的。激波管是产生激波并利用激波压缩实验气体进行实验的设备。它是一个两端封闭的管道，用膜片（激波膜片）将管道隔成两段，分别称为高压室和低压室，如图 5-13(a) 所示。实验前在高、低压室分别充以满足实验要求的压强高的驱动气体和压强低的被驱动气体（实验气体），并使两室的压强比达到一定的值（见图 5-13(b)）。实验时先使激波膜片破裂。将膜片破裂开始的激波管内的一维非定常流动过程，可用图 5-13(c) 表示。图中 x 是轴向距离，t 是自膜片破裂计起的时间。膜片破裂后，高压驱动气体冲入低压室，两种气体之间形成接触面（分界面）。接触面右方的被驱动气体受到强烈压缩，形成以超声速向右运动的正激波。在此右行激波右方为未扰动区 A。在此右行激波左方 B 是正激波扫过的、以速度 v_2 跟随正激波向右运动的原低压室气体。经激波压缩后，B 区气体的压强、温度均明显提高，$p_B > p_A$，$T_B > T_A$，当 $t = t_1$ 和 $t = t_2$ 时，激波管内的压强分布如

图 5-13(c) 和图 5-13(d) 所示，速度 v 与高、低压室的压强比有关，可能是超声速、跨声速或亚声速。与此同时，左行的膨胀波在原高压室的气体中传播。介于膨胀波波尾与接触面之间的区域称为 C 区，该区气流以速度 $v_C = v$ 随低压室气体一起向右运动。在位于 B 区与 C 区之间的接触面前后，压强、温度相同，在接触面左方，被膨胀波扫过的气体温度低于破膜前的温度。膨胀波未达到的区域为 D 区。只有接触面与激波之间 B 区这一股气流是可供实验用的稳定的高焓气流，其总温可达数千开。当正激波到达管的右端发生反射时，变成左行的反射激波，再次压缩加热 B 区气体，并使其速度为 0，成为滞止的高温区，B 区可供实验用的被驱动气体的流动也就结束了。激波管中高焓气流的稳定时间很短，通常不到 1ms。高性能激波管可用于进行气体的离解、电离等现象的研究。

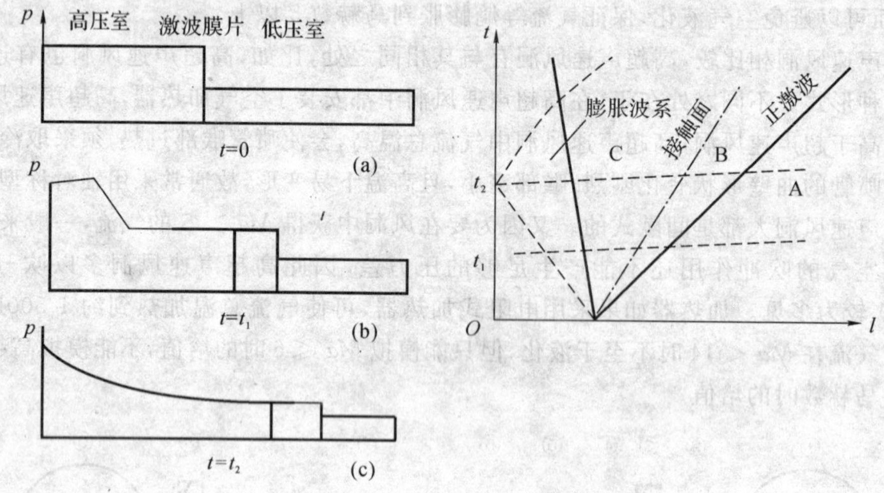

图 5-13　激波管中压强和波的变化

如果激波管右端不是封闭的，而是在激波管右端加装膜片(喷管膜片)、喷管、实验段和真空箱，则构成了激波风洞。激波风洞是利用激波压缩气体，再利用定常膨胀方法产生超高速气流的风洞(见图 5-14(a))。激波膜片破开后，正激波向右运动，被驱动气体受到压缩加热。当正激波到达右端遇到喷管膜片时，产生左行的反射激波。与此同时，使喷管膜片破裂。实验段与真空箱连通，在相当高的风洞压强比作用下，受到激波再次压缩加热后的被驱动气体进入喷管，在实验段可达到很高的马赫数(见图 5-14(b))。如果恰当控制有关参数，左行的反射激波遇到接触面后不再反射，接触面的右行速度变慢，风洞的工作时间可得以延长。当接触面到达激波管右端时，风洞工作结束。激波风洞的工作时间比激波管长，可达数毫秒以上。激波风洞中的超高速气流，总温可达 8 000K，总压可达 200MPa，马赫数可达 25 甚至更高。

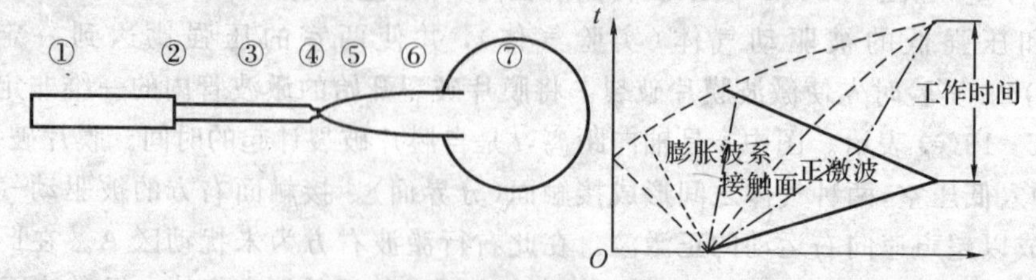

图 5-14　激波风洞及其波系

①— 高压室；②— 激波薄膜；③— 低压室；④— 喷管膜片；⑤— 喷管；⑥— 实验段；⑦— 真空罐

热冲风洞是另一类高超声速风洞。其工作原理是利用电弧脉冲放电定容地加热和压缩实验气体，从而产生高超声速气流。运行前储能装置储存电能，弧室充入一定压力的气体，膜片下游各部位被抽吸到真空状态(一般不低于 105Pa)。运行时，储存的电能以千分之一毫秒到几十毫秒的时间在弧室内通过电弧放电释放，以加热和压缩气体；当弧室中压力升高到某个预定值时，膜片被冲破；气体经过喷管膨胀加速，在实验段中形成高超声速气流；然后通过扩压器排入真空箱内。与常规高超声速风洞和激波风洞不同，热冲风洞的实验气流是准定常流动(见非定常流动)，实验时间约为 20 ～ 200ms；实验过程中弧室气体压力和温度取决于实验条件和时间，与高超声速风洞和激波风洞相比大约要低 10% ～ 50%。因此要瞬时、同步地测量实验过程中实验段的气流参量和模型上的气动力特性，并采用一套专门的数据处理技术。

热冲风洞的研制开始于 20 世纪 50 年代初，略后于激波风洞。之前是要利用火花放电得到一个高性能的激波管驱动段，后来就演变成热冲风洞。热冲风洞的一个技术关键是将材料烧损和气体污染减少到可接受的程度。采取的措施有：以氮气代替空气作为实验气体；减小暴露在热气体中的弧室绝缘面积；合理设计析出材料烧损生成微粒的电极和喉道挡板结构；适当选取引弧用的熔断丝；限制风洞在弧室气体温度低于 4 000K 下运行等。热冲风洞的储能装置有电容和电感两种方式。前者常用于储存 10MJ 以下的能量，后者多用于储存 5 ～ 100MJ 的能量。还有一种方式是电网直接供电，其能量一般为 10MJ 量级，不同的电能利用方式要求有相应的充电放电系统。热冲风洞的模拟范围一般可以达到马赫数 8 ～ 22，每米雷诺数为 $1 \times 10^5 \sim 2 \times 10^8$。长达上百毫秒的实验时间，不仅使它一次运行能够完成模型的全部攻角的静态风洞实验，而且可以进行风洞的动态实验，测量动稳定性，以及采用空气作实验气体(温度一般在 3 000K 以下)进行高超声速冲压发动机实验。

除激波风洞和热冲风洞外，高超声速风洞还包括电弧风洞、氮气风洞、氦气风洞、炮风洞(轻活塞风洞)、长冲风洞(重活塞风洞)、气体活塞式风洞、膨胀风洞、高超声速路德维格管风洞等，这里不再详述。

第六节　水　洞

水洞是一种结构与风洞类似的水动力学实验装置，用于舰船模型、空化、流体弹性、湍流和边界层等课题的实验研究。

多数水洞是封闭回流管道，水流在管道中循环使用。它的结构类似于低速风洞，包括稳定段、收缩段、实验段、扩散段、动力段和回流段等部分(见图 5－15)。实验段是安装模型进行实验的部件。稳定段装有蜂窝器，可以起到整流和降低湍流度的作用。收缩段使水流加速，以建立合乎要求的流场。扩散段的作用是减速增压，降低流动损失。水洞的动力装置常用轴流式水泵。回流段中设有拐角导流片以减少能耗。

水资源是宝贵的，因此水洞的水一般是循环使用的。这就需要有水净化装置定期作净化处理，因为水中含有大量气泡、杂质，特别是微生物，如果不处理就会影响实验和污染洞体。通常是将循环用水经过滤系统和水塔处理后再进入洞体。

水洞的形式也很多。用作船体和螺旋桨研究的水洞要求有大的实验段截面积，有自由水面。有的水洞顶部有自由水面，用真空泵抽取空气，调节实验段静压和模型的空化数。研究空化现象的专用水洞要求能产生高速水流，因功耗较大，实验段截面积通常较小。用于湍流和边界层研究的水洞要原始水流有很低的的湍流度，要求安装特别设计的蜂窝器。

常用的水动力设备还有很多，例如拖曳水槽、旋臂水池、波浪水池、风水槽等。

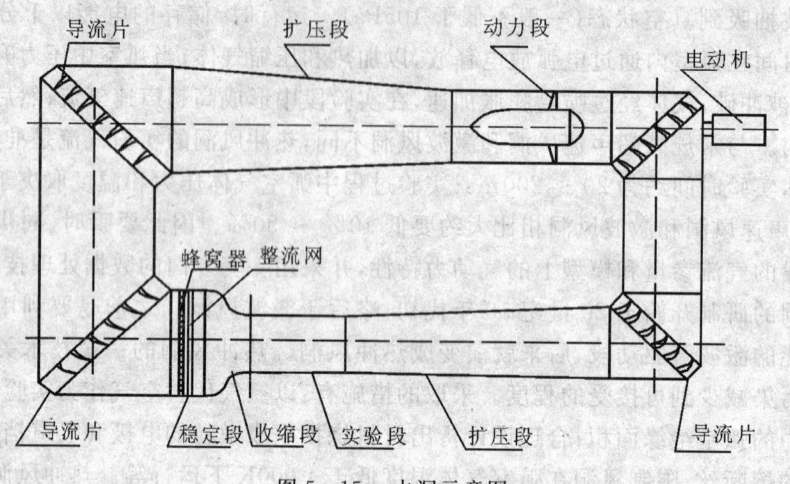

图 5-15　水洞示意图

由上面的介绍可以看出，流体力学实验设备首先要保证模型流场和实物流场要相似。比如说要模拟高层建筑的风荷载情况，实验段来流就应是大气边界层的形态，在高度方向流速有一定的梯度。其次，实验中要保证或尽量保证实验中的相似准则数值与实物的对应相等。比如，低速实验中要模拟的主要相似准则是 *Re* 数，就要求在实验中要保持 *Re* 数与实物的相等。如果实物的 *Re* 数过大，实验中无法完全模拟 *Re* 数，则要求实验中的 *Re* 数一定要达到自准区，也就是与实物的流动性质没有太大差别的区域。再比如，需要模拟空化现象时，就需要模拟 *Fr* 数和空化数。总之，流体力学实验设备的种类很多，而且必须满足相似理论基本要求。

思 考 题

1. 流体力学实验设备分为几大类？各有什么特点？
2. 举例说明设计流体力学实验设备时应遵循的基本原则。

第六章　流体力学实验的基本方法

学习本章后应掌握的内容：

(1) 流体力学实验的基本方法。
(2) 空气动力天平的种类和特点。
(3) 常用流动参数的测量原理。
(4) 流动显示实验的目的和典型实验方法。

流体力学实验的种类很多，以空气动力学实验方法为例，主要的实验方法包括：采用有动力或无动力的模型在飞行条件下进行实验的飞行实验法，将模型固定在运动的携带设备上进行实验的携带实验法和将模型固定在风洞中并以一定的气流吹过模型来进行实验的风洞实验法等。考虑到实验的难易程度、实验成本和实验设备的复杂程度，尤以风洞实验使用最为广泛。

风洞实验的基本方法主要有测力法、测压法和流动显示法等。测力法主要是用专门设计的天平测量模型总体所受的力和力矩。测压法一般是测量模型表面或流场中相应点的压强。测压法一般用于较细致的流动细节的研究，通过一定的数学计算得到模型总体的受力情况。流动显示法主要是采用各种方法显示流动情况，给人以直观图像，便于理解和研究流动特性。某些设计良好的流动显示方法还可以用于精确地测量流动参数。

本章拟详细介绍少数几个典型的实例使读者能够对基本的内容有较深刻的认识，掌握了这些最基本的内容就可以触类旁通，从而为以后更深入的学习打下一个良好的基础。其他些内容将作一般性的介绍，希望能起到开拓视野的作用。

第一节　测力实验简介

天平测力实验是风洞实验中最基本的实验项目。根据飞行器研制的不同要求，测力实验的种类也很多，例如全模实验、半模实验、铰链力矩实验、动导数实验、部件实验、外挂物干扰实验、喷流实验、旋转天平实验、旋翼实验等。不同的实验使用不同的气动力天平，以测量不同分量的静、动态的空气动力载荷。

一、气动力天平的种类

气动力天平是测力实验中最为重要的测量装置。气动力天平是在风洞中用以测量在模型上的气动力和力矩的测量装置，它不同于普通天平或衡力装置，可以同时测量若干个力和力矩分量。按所测分量的数目，气动力天平可分为单分量天平和多分量天平，一般在风洞实验中使用六分量天平。

气动力天平的种类很多,目前常见的主要有机械式天平和电阻应变式天平两类。

1. 机械式天平

如图 6-1 所示,机械式天平是应用静力学平衡原理测量空气动力的装置,主要用于低速风洞实验。机械式天平一般由四部分组成:模型支撑系统和模型姿态角机构;气动力和力矩的分解机构;力和力矩的传递系统;平衡测量元件、架车与天平测量控制系统。机械天平一般具有以下几个特点:

(1) 可将作用在模型上的空气动力较好地分解成气动力分量,每个平衡测量元件可独立测量一个气动力分量。

(2) 通过调整机械式天平,可使各空气动力分量之间的相互干扰减小到最低程度,因此测量准度很高。

(3) 天平具有较大的刚度,一般不需要进行弹性角修正。

(4) 有很宽的载荷测量范围,通过适当调整可以达到很高的灵敏度。

(5) 不易受周围环境影响,具有很好的稳定性。

(6) 除测量空气动力外还可起到支撑模型和改变模型姿态的作用。

(7) 结构较为复杂,制造成本高,研制周期长。

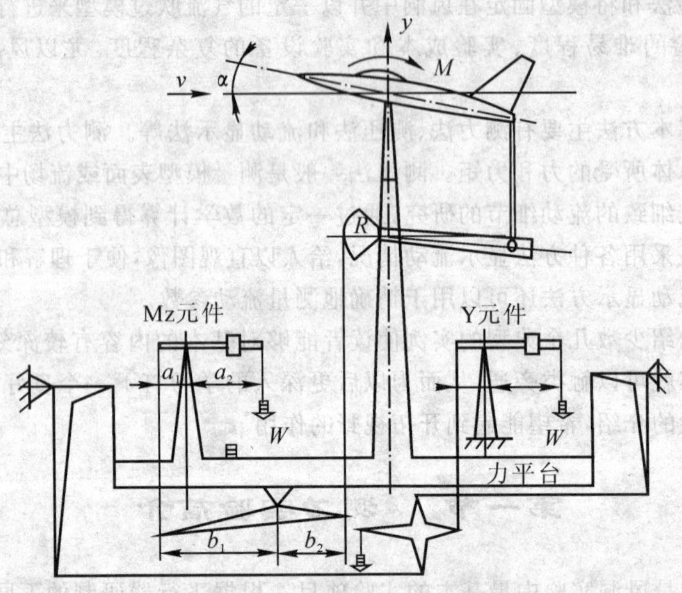

图 6-1　机械式天平示意图

2. 电阻应变式天平

如图 6-2 所示,电阻应变式天平以电阻应变片作为敏感元件来测量模型的气动力和力矩。电阻应变式天平的测量元件一般由弹性元件、电阻应变片、测量电路和电子放大器等组成。与机械天平相比有如下特点:

(1) 天平的质量小,响应快。

(2) 体积很小,一般可放在模型体内,不仅可测量作用在模型上的空气动力,还可以测量作用在模型部件或外挂物模型上的空气动力。

(3) 设计和加工简单，成本较低。

(4) 可适用于尾部支撑、腹部支撑、背部支撑等多种支撑方式，应用范围广，使用方便。

(5) 由于天平的响应快，经过特别设计的特种应变天平还可进行空气动力的动态测量。

(6) 按结构形式分类主要分为杆式应变天平与盒式应变天平两大类。

机械式天平的体积一般比较大，有较宽的气动力测量范围、较好的稳定性和测量精度，但响应比较慢。电阻应变式天平体积较小，响应快，但通常比机械式天平的精度稍差。目前，电阻应变式天平的应用更为广泛一些。

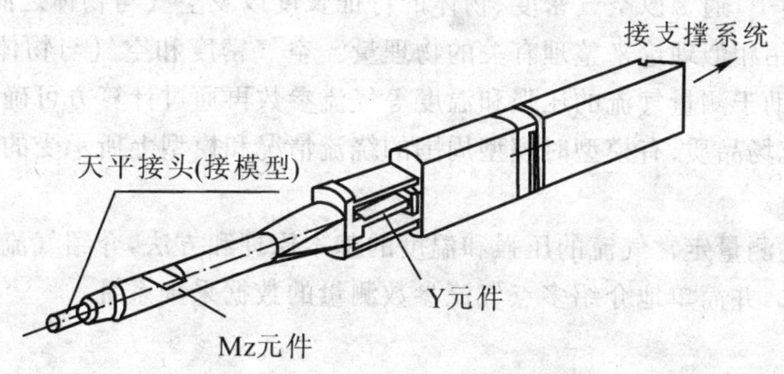

图 6-2　电阻应变式天平示意图

二、天平性能指标

天平性能指标主要有分量数目、测量范围和量程、线性关系、干扰、灵敏度、零漂、温漂、回零性、精密度和准确度等。

线性关系一般指天平某分量的读数随外载荷变化的函数关系，如果愈接近于直线方程，则线性关系愈好。线性关系好的天平对于静态校准和实验数据处理都带来了方便。

干扰是指天平某测量元件的读数受其他分量影响的程度。

天平的灵敏度是指在某一分量单位外载荷作用下该分量测量元件读数变化的大小。

零漂指天平在零载荷情况下预热 1h 后的 30min 之内各分量输出值的变化量。

温漂指天平在零载荷及使用环境温度下，每 10℃ 的温度变化所引起的各分量输出变化量。

回零性指天平从零载荷开始，施加单分量递增载荷至设计量程，再从设计量程递减到零载荷，由此得到的零载荷点输出值的偏差。

三、天平的校准

天平校准就是模拟天平的实际工作状态对天平进行标定，检查天平质量，鉴定天平的性能，得到准确的校准系数。天平的校准分为静态校准(静校)和动态校准(动校)两种。

天平静校须在专门的校准设备 —— 校准台 —— 上进行，其主要目的是为了求得空气动力与测量元件输出量(或读数)之间的函数关系。通过静校还可以确定天平的线性关系、干扰大小、重复性、灵敏度等性能。另外，还可以鉴定天平的设计与加工质量、调整天平的校准中心、确定补偿电路等。天平静校按加载方式与数据处理方法的不同分为单元校准法和多元校准法。

天平的动校就是用标准模型装在静校合格的天平上进行风洞实验，以检验天平的动态特性以及结构强度，测定天平的温度效应，并与已知的标准数据进行比较，从而对包括天平精密度和准确度在内的一系列性能进行鉴定。天平动校的内容包括冲击载荷实验、温度效应实验和标准模型实验。

第二节　流动参数的测量

在空气动力学中，通常以空气密度、物体的特征长度以及空气与物体之间的相对运动速度为基本物理量，运用相似理论来整理有关的物理量。空气密度和空气与物体之间的相对运动速度，一般都要借助于测量气流的压强和温度等气流参数再通过计算方可确定。此外，要确定无模型时的风洞流场品质、有模型时模型周围的绕流情况和模型上所承受的空气动力等，也要进行气流参数测量。

本节着重阐述测量定常气流的压强和温度的基本原理和方法，介绍气流的速度、方向和紊流度等的测量方法，并简单地介绍多点气流参数测量的数据采集系统。

一、静压测量

1. 壁面静压测量

壁面静压测量通常是在气流管道的壁面或模型的表面沿法线方向开一小孔来感受当地的静压，如图 6-3 所示。当测压孔直径在 0.5～2mm 范围内，h/d 大于 2，测压孔的轴线与壁面垂直，孔内壁光滑，孔口无毛刺或倒角，孔口附近的壁面光滑无凹坑或凸出物，顺流动方向壁面上的压强梯度不大时，可获得测量准确度较高的该点处壁面局部静压。

在物体表面沿法向开小孔测量局部静压的方法对气流的扰动较小，测量准确度较高，简单方便，故在空气动力实验中应用甚广。

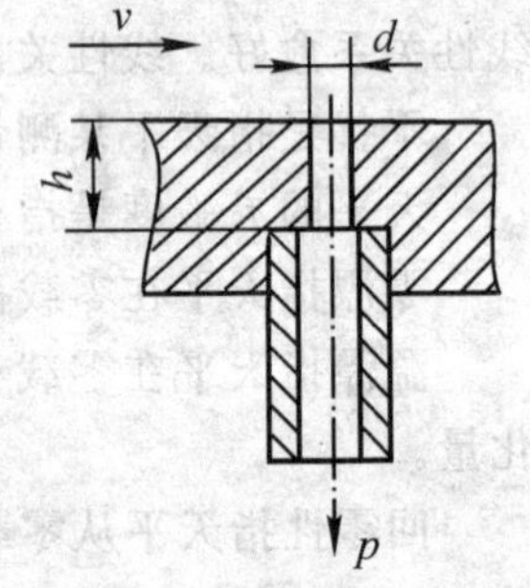

图 6-3　壁面静压测量

2. 气流静压测量

测量流场中某一点的静压时，可在该点放置一静压管。低速流场中用的静压管典型结构如图 6-4(a) 所示。它是一根前端封闭并呈半球形的管子，在距离头部一定距离的支杆管壁上开有 4～8 个小孔，用以感受气流在该点处的静压。

实验证明，在静压孔处的气流静压会受到头部和后支杆的影响。气流流过半球形头部时，流速增加，静压下降，使测量到的静压 p_m 比气流的实际静压 p 要低，产生负误差；后支杆对气流有减速作用，使静压增高，产生正误差。图 6-4(b) 中的两条曲线就表明了这种相反的影响。显然随着相对距离 L_1/D_1 和 L_2/D_2 的增加，头部及后支杆对静压测量的影响将减小。若适当选取静压孔的位置，就可以使这两种影响相互抵消，较准确地感受出气流的静压。一般取 $L_1=(3\sim 8)D_1$，$L_2=(8\sim 20)D_2$。在静压管壁上开静压孔的基本要求与开壁面静压孔相同，但由于静压管的直径较小，故静压孔的直径通常取 0.3～0.5mm 左右。

静压管的轴线应与气流方向一致。为减小气流偏角（这里指气流方向与静压管轴线之间的夹角）的影响，一般在静压管上开有 4～8 个小孔，均匀地分布在开孔处的同一截面上。

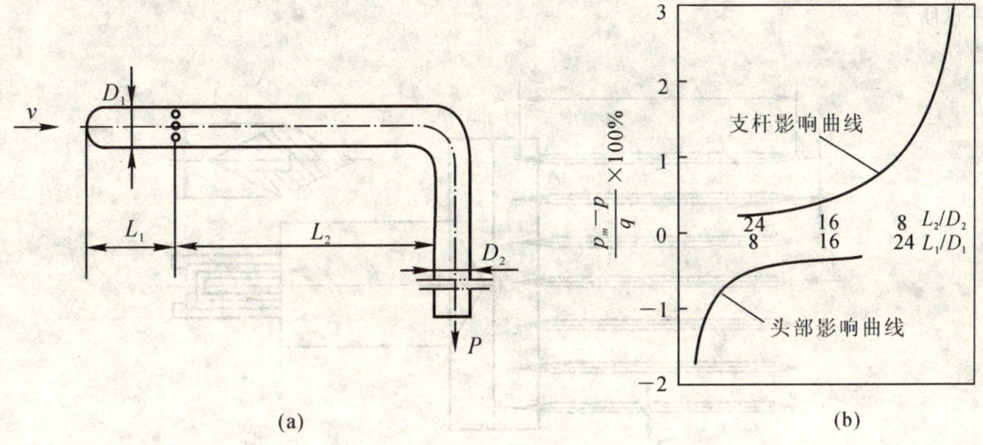

图 6-4　气流静压测量

(a) 低速静压管；(b) L_1 和 L_2 对静压的影响示意图

如图 6-4(a) 所示的半球形头部的静压管适用于 $Ma < 0.7$ 的速度范围，并在 $Re = 500 \sim 3 \times 10^5$ 范围内，可以不考虑黏性对静压测量的影响。

在跨声速流场中，若仍用半球形头部的静压管，则在头部将会出现局部超声速区，使静压测量受到很大的影响。为了减小空气压缩性的影响，可采用尖锥形头部的静压管，如图 6-5(a) 所示。

在超声速流场中，静压管的头部会出现激波。为了减弱头部激波的干扰，超声速静压管的头部做成细长的尖锥形，如图 6-5(b) 所示。

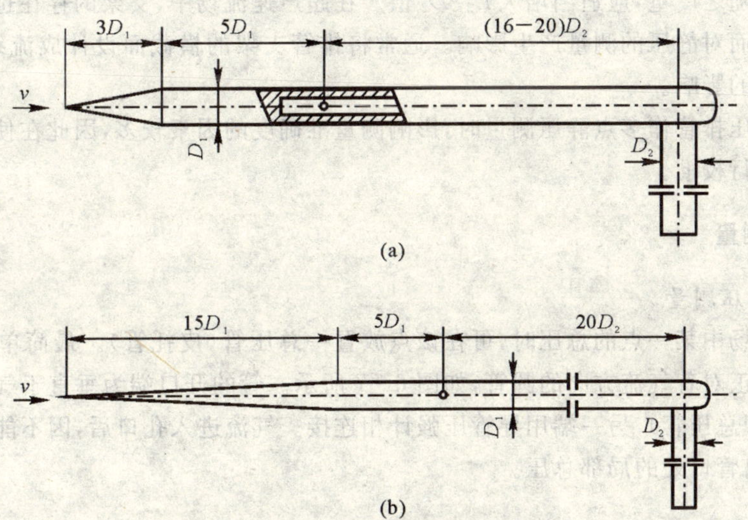

图 6-5　跨声速静压管和超声速静压管

(a) 跨声速静压管；(b) 超声速静压管

由于静压管的几何形状、开孔位置以及加工制造误差等因素，会使所测量出的流场中某一点的静压 p_m 与该点的真实静压 p 之间存在一定的误差。故在使用之前应对静压管进行校准，以确定其修正系数。

3. 多点静压测量

有时为了测量流场的静压场，可把数根静压管安装在同一支架上，组成梳状静压排管，如

图 6 - 6 所示。

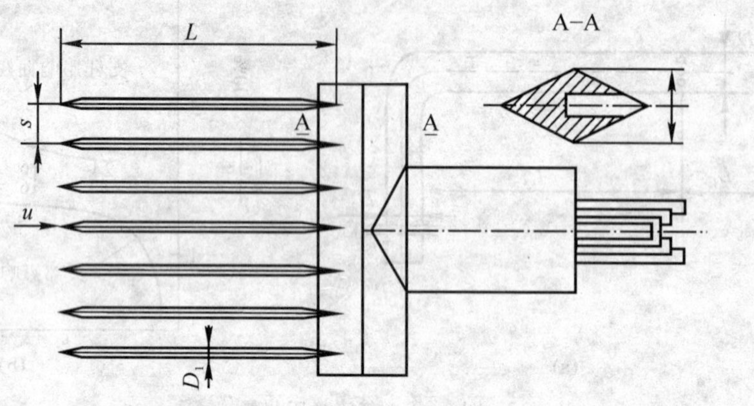

图 6 - 6　梳状静压排管

在设计静压排管时，除了参照前面讲的单支静压管的尺寸和形状要求外，还要考虑各静压管之间的相互影响。低速时一般取间距 $s \geqslant 5D_1$。随着气流马赫数的增大，各静压管之间的干扰也会增大。可采用适当加大各静压管之间的距离 s，减小探头顶部圆锥角 θ 以及增加 L_1/D_1 值等方法来减小静压测量误差。同时静压排管的性能还会受到排管支架的影响。在低速流场中，测压孔到支架的距离 $L_2 \geqslant 12c$（c 为支架厚度或直径）。随着气流马赫数增大，支架对静压测量的影响亦随之严重，应适当增大 L_2/D_2 值。在超声速流场中，支架的存在也会通过静压管的管壁附面层而对静压的测量产生影响。通常将排管支架的横截面设计成流线形或菱形，以减小排管支架的影响。

由于用静压排管作多点静压测量时，影响测量准确度的因素较多，因此在使用之前必须对每根静压管进行校准。

二、总压测量

1. 气流总压测量

须测量流场中某一点的总压时，可在该点放置一总压管（皮托管）。最简单的总压管是一根头部开口且正对着气流方向的圆管，如图 6 - 7 所示。管的开口端为垂直于气流方向的平面（故称为平头型总压管），另一端用导管压强计相连接。气流进入孔口后，因不能再流动而被阻滞，从而感受出管口处的局部总压。

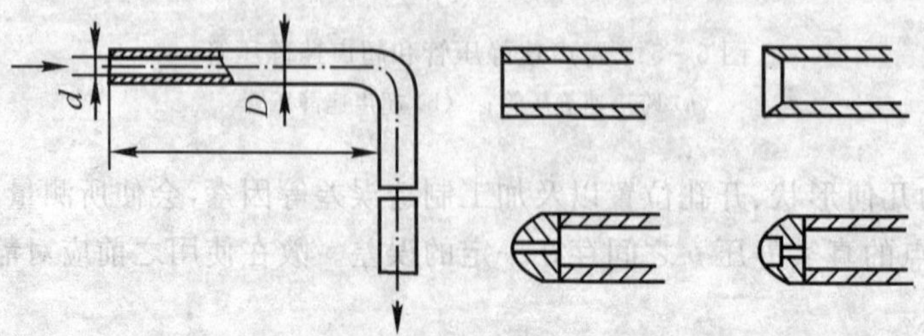

图 6 - 7　总压管及不同头部形状示意图

头部形状适当的总压管，受气流偏角的影响较静压管小。实验证明，当总压管不太靠近固体壁面、雷诺数不是太低时，具有半球形头部的总压管，只要气流偏角小于±3°，就可以准确地测量总压而且与孔径大小无关。具有平头的总压管，可以允许有更大的气流偏角而不产生明显的误差，如图 6-8 所示。图 6-8 为几种典型的总压管的气流偏角特性的实验曲线。图中 p_{0m} 为总压测得值，p_0 为气流的真实总压值，β 为总压管的轴线与气流方向之间的夹角。从图中可以看出，增大总压感受孔的直径 d 与总压管外径 D 的比值 d/D，或孔口加倒角，都可减小气流偏角 β 对总压测量的影响。当气流偏角为 0° 时，无论何种类型的总压管，其总压测得值为最大值，即总压测量误差最小。因此在使用总压管测量气流总压时，可将总压管对着气流方向来回偏转一下，找出总压读数的最大值作为气流总压的测量值。

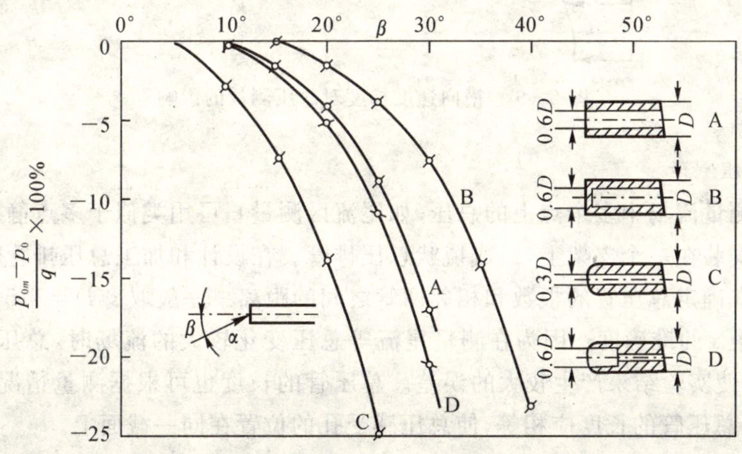

图 6-8　几种典型的总压管的气流偏角特性实验曲线

在超声速气流中，总压管的前面会出现弓形脱体激波。一般情况下，正对总压孔附近的一小段激波很接近于正激波，因而总压管所感受到的是正激波后面的亚声速流的总压，须经过计算才能得到激波前的超声速气流的总压。

在一般流动中，以总压感受孔的直径为特征长度的雷诺数大于 500 时，总压测得值与雷诺数的变化无关。

当气流中存在较大的横向速度梯度时（如尾流区），流场中的横向速度梯度会对总压的测量产生影响。这是因为，总压感受孔不论其直径 d 有多小，它总具有一定的面积。当气流中存在横向速度梯度时，总压感受孔截面上各点的流速是不相等的，因而所感受的总压值相当于这些点上的局部总压的平均值。该值高于总压感受孔几何中心点上所对应的局部总压值。如图 6-9 所示，总压管感受出的压强值等于距离总压值几何中心线处的有效中心线上的总压值。对平头型总压管的经验公式为

$$\delta/D = 0.13 + 0.08d/D \tag{6-1}$$

式中　δ—— 总压管几何中心线与有效中心线之间的距离；

d—— 总压感受孔直径；

D—— 总压管外径。

此式适用范围为

$$0.1 < \frac{D}{q}\frac{\mathrm{d}q}{\mathrm{d}y} < 1.2$$

在一般情况下，只要合理地选择和安装总压管即可较准确地测量出气流的总压。如果对测量准确度要求较高，则须对总压管进行校准。

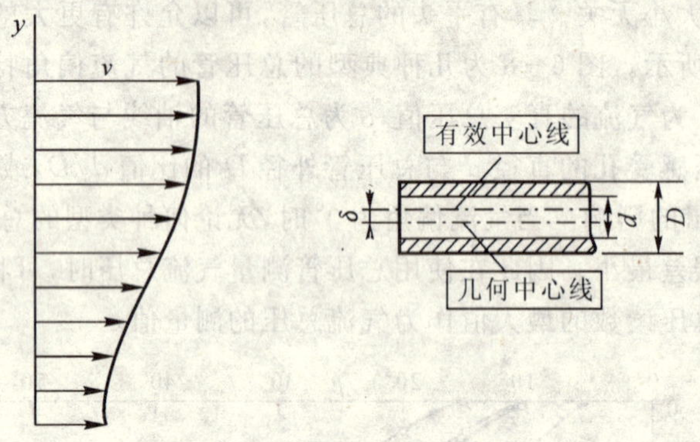

图 6-9　横向速度梯度对总压测量的影响

2. 多点总压测量

若要同时测量流场中多个点上的总压(如尾流区测量)，可用类似于多点静压测量的方法，把数根总压管安装在一个支架上，组成梳状总压排管。在设计和加工总压排管时，可根据测量点的分布情况来确定总压管的根数和相邻两管之间的距离。一般取 $s/D=1.5\sim10$。加工时应注意保证间距 s 的准确度。因为在测量尾流等总压变化较大的流场时，总压感受孔的位置稍有不准，就会使实验结果产生较大的误差。总压管的长度也可根据测量情况而定。一般取 $L/c>2.5$。各总压管的长度应相等，使总压感受孔的位置在同一截面上。

总压排管的性能受排管支架等几何参数的影响不大，在一般测量中不经校准就可使用。如果对各点的总压测量准确度要求较高，则须对每一根总压管进行校准，并对测得值作相应的修正。

三、压强测量仪器

在空气动力实验中，静压管或总压管所感受到的压强须用压强测量仪器转换成可直接观测或记录的指示值，用以确定该压强的量值。应注意的是：通常的压强测量仪器大都是用被测压强减去已知的参考压强，在压强测量仪器中的示值称为表压强。作为气流状态参数的压强应为绝对压强，故应注意把表压强换算为绝对压强。

常见的液柱式压强计是以流体静力学原理，由量液面的高度变化来指示被测压强值的压强测量仪器。

1. U 形管压强计

U 形管压强计是最简单的液柱式压强计，其结构及测压原理如图 6-10(a) 所示。在 U 形玻璃管的两端分别接入被测压强 p_1 和参考压强 p_2。当 $p_1=p_2$ 时，量液面处于同一高度，$\Delta h=0$。当 $p_1\neq p_2$ 时，量液面高度发生变化。量液面达到稳定后，可根据量液面高度差确定被测压强与参考压强之间的压强差，即

$$p_1-p_2=\rho_{ye}g\Delta h \tag{6-2}$$

式中　ρ_{ye}—— 量液密度；

g—— 重力加速度；

Δh——U 形管两端量液面高度差。

常用的量液有酒精、水和汞等，可根据被测压强的大小选用。

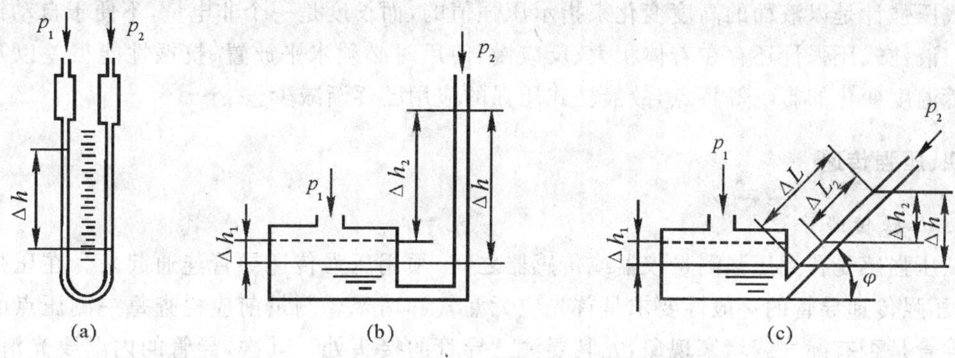

图 6-10　不同类型的压强计

(a) U 形管压强计；(b) 单管式压强计；(c) 斜管微压计

2. 单管压强计

单管压强计的工作原理类似于 U 形管压强计，只是将 U 形管的一端用一个容器(液壶)来代替，如图 6-10(b) 所示。图中虚线为测压前液面的初始位置。导入压强 p_1 和 p_2 后($p_1 > p_2$)，液壶中液面下降 Δh_1，玻璃管中液面升高 Δh_2，于是

$$p_1 - p_2 = \rho_{ye} g \Delta h = \rho_{ye} g (\Delta h_1 + \Delta h_2) \tag{6-3}$$

设液壶横截面积为 A_1，玻璃管内横截面积为 A_2，由于壶内流出的量液等于玻璃管内增加的量液，即

$$\Delta h_1 A_1 = \Delta h_2 A_2$$

则式(6-3)可改写为

$$p_1 - p_2 = \rho_{ye} g \Delta h_2 [1 + (A_2 / A_1)] = K \rho_{ye} g \Delta h_2 \tag{6-4}$$

式中，K 为压强计修正系数。K 值除与 A_2/A_1 的大小有关外，还与玻璃管的垂直度、内径均匀程度等因素有关，通常用校准方法确定压强计 K 值。

3. 斜管微压计

如果把单管压强计的玻璃倾斜某一 φ 角，如图 6-10(c) 所示，于是在较小的压强差 $p_1 - p_2$ 下，虽然液面的垂直高度差 Δh 也较小，但玻璃管内液面的位移量却增大为

$$\Delta l = \Delta h / \sin\varphi \tag{6-5}$$

相当于 Δh 在读取时，把 Δh 放大了 $1/\sin\varphi$ 倍，显著地提高了压强测量的灵敏度，可以用来测量很小的压强差，故这种压强计叫做斜管微压计。

同理，引入压强计修正系数，则

$$\Delta h = K \Delta l_2 \sin\varphi \tag{6-6}$$

K 值需要通过校准方法确定。

4. 多管压力计

如果用一个液壶并排连接多根玻璃管，就组成多管压强计，可用来同时测量很多点上的压强。考虑到液壶中的液面高度在测量时会发生变化，应在众多的测压玻璃管中留出 1 或 2 根与液壶共同接通参考压强，以表明液面高度的基准点。类同于斜管微压计工作原理，为提高压强测量灵敏度，也可将玻璃排管倾斜某一角度。当测量准确度要求较高时，应进行校准，求出

每一根玻璃管的修正系数。

液柱式压强计具有结构简单、灵敏度和准确度高、稳定度好等优点，曾得到广泛应用。但液柱式压强计是以液面的高度变化来指示压强值的，而长度是一个非电量，不便于自动记录和控制。液柱式压强计还存在着体积大、反应慢、使用时必须水平放置、抗振性能很差以及较易受环境温度变化的影响等特点，故液柱式压强的应用已逐渐减少。

四、压强传递

1. 压强传递导管

从压强感受孔到压强测量仪器或传感器之间，须用压强传递导管连通起来。在压强测量中，对压强传递导管的一般性要求是首先应无漏气和堵塞。测量前应检查每一测压点的压强传递导管是否有漏气或堵塞现象，尤其要注意导管的接头处。其次，导管的内壁要光滑，而且导管应具有足够的强度和刚度，以免在工作时出现压瘪或爆裂现象。此外，导管的长度应尽可能短一些，其内径大小要适当，以减小测压反应时间。

2. 测压扫描阀

目前国内在压强测量时已经广泛地使用电子测压扫描阀，它具有体积小、速度快、精度高等优点，其扫描速率可达到每秒上万个测压点。例如西北工业大学 NF－3 低速风洞使用的 PSI9816 电子测压扫描阀，该压力扫描阀为多通道压力采集系统，如图 6－11 所示。该系统可同时配备多个采集模块，每个模块集成有 16 个硅压阻传感器，同时带一个 32 bit 的微处理器。这个微处理器用于归零校准和满量程校准，以保证系统的测量精度。该系统最多可以测量 512 个压力点，并可以根据需要进行扩充。传感器的量程为 ±2 500Pa，±1PSI，±5PSI 和 ±15PSI 等，系统精度为 ±0.05%FS，最大采样频率为 100 Hz。

图 6－11　PSI9816 电子测压扫描阀

五、风洞稳定段总温测量

风洞实验段气流的静温，通常是由稳定段气流的总温和实验段气流的流速 v 或马赫数 Ma，根据绝热关系式

$$T_0 = T + \frac{v^2}{2c_p} = T\left(1 + \frac{\gamma - 1}{2}Ma^2\right) \tag{6-7}$$

计算出来的。

在低速风洞中稳定段的流速较低，这时可以应用简单的裸线电偶不加防护地伸在稳定段

中测量气流总温。热电偶的测温结点离底部支座的距离为导线直径的数十倍(民用电线直径应大于0.5mm)。这类风洞的气流总温不是很高,热电偶测温结点由于导热和辐射所散失的热量很小,测量准确度较高。

测量间歇式超声速风洞稳定段气流的总温时,因为风洞运行时间很短,如用上述的测量方法会引起较大的测量误差。此时,可应用吸气型测温探头,如图6-12所示。它利用稳定段与大气或风洞某个低压段之间的压差,在测温探头的管内产生一股声速气流。声速气流的传热系数非常高,因此整个测温探头的内壁被迅速地加热到接近于气流的总温。在这种情况下,温度敏感元件上损失的热量相当小,所感受到的温度很接近于气流总温。常用的温度敏感元件有热电偶、热敏电阻或热敏半导体元件等。

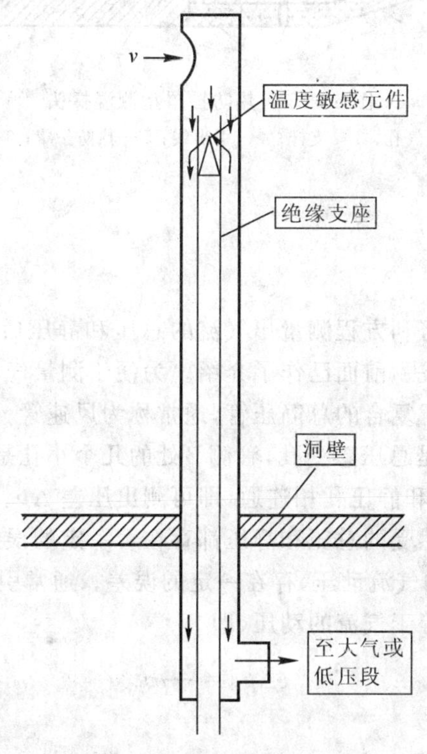

图6-12　吸气型测温探头

六、高速气流总温测量

当被测气流的总温较高,流速较大,而且有足够长的测试时间可使整个测温探头各部分的温度达到相对平衡时,为减少热电偶测温结点(或其他温度敏感元件)上的热损失,可在测温结点上加装热防护罩,如图6-13所示。由于测温结点上的温度与防护罩内壁的温度相近,减少了测温结点向周围和支座的散热量,从而提高了气流总温测量的准确度。

实际上,无论用哪种形式的测温探头,气流的动能都不会完全转化为热能,而且温度敏感元件与周围环境之间不可避免地存在着热交换,因而所测量出来的温度 T_{0m} 低于真正的气流的总温 T_0。通常用复温系数 r 来表示测温探头的性能并作为它的修正系数。复温系数的定义为

$$r=\frac{T_{0m}-T_{\infty}}{T_0-T_{\infty}} \tag{6-8}$$

有时也使用复温率 R 来表示测温探头的性能。复温率的定义为

$$R=T_{0m}/T_0 \tag{6-9}$$

测温探头的 r 或 R 值为无量纲值，用校准方法确定。

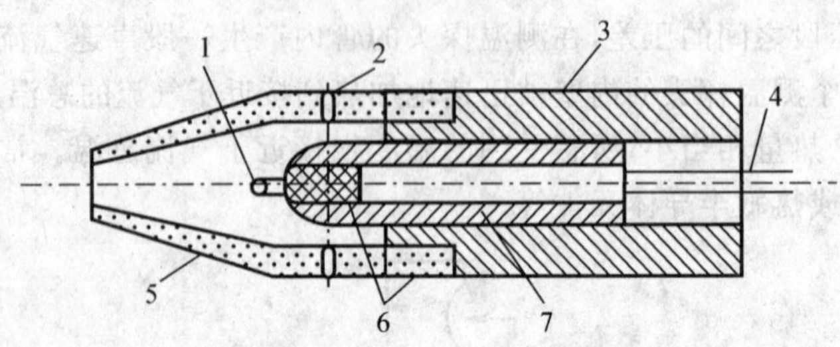

图 6-13　热防护罩型测温探头

1— 温度敏感元件；2— 通气孔；3— 支杆；4— 引出线；5— 热防护罩；6— 密封填料；7— 绝缘支座

七、风速测量

1. 用风速管测量风速

在低速气流中，根据伯努利方程测量出气流的总压和静压后即可确定气流的动压。关于气流的总压和静压的测量方法，前面已作了介绍。为便于测量气流的动压，还可将总压管和静压管组合在一起，从而构成了复合的总静压管，通常称为风速管。如图 6-14 所示是一种标准的风速管，管端A处的小孔是总压感受孔，管侧B处的几个小孔是静压感受孔。如果压强计的两端分别与风速管的总压孔和静压孔相连通，即可测出压差 Δp_m 由于感受孔的位置和制造工艺等因素的影响，风速管所感受的总压和静压都存在着一定的误差。也就是说，压强计所测出的压差 Δp_m 并不等于真正的气流动压，存在一定的误差。通常引入风速管修正系数来修正风速管所测出的压差值，使其等于气流的动压，即

$$\xi\Delta p_m=\frac{1}{2}\rho v^2 \tag{6-10}$$

故气流速度为

$$v=\sqrt{\frac{2}{\rho}\xi\Delta p_m} \tag{6-11}$$

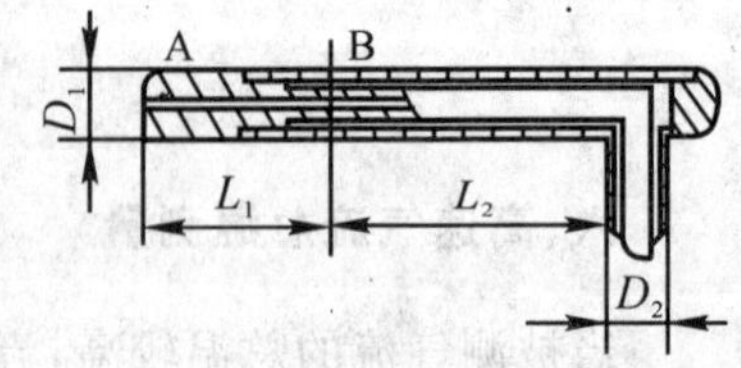

图 6-14　标准风速管

各风速管的 ξ 值用校准方法（例如，与已知 ξ 值的风速管相比较的方法）来确定。严格地说，风速管所感受的总压和静压并不是同一点上的总压和静压。因此，不宜在沿气流流动方向上速度有急剧变化的流场（即静压梯度较大的流场）中使用。此外，使用时风速管的轴线应与气流流动方向一致。如图 6-15 所示为标准风速管的轴线与流动方向有偏角时的测压误差。这种风速管适用于 $Ma<0.7$ 的流场中。

2. 用压强落差法测量风洞实验段的风速

在低速风洞实验时，需要测量模型远前方来流的速度（或动压）。此时如在模型的前方安装风速管，则必然会产生风速管与模型之间的气动力干扰，影响风速及模型实验数据的测量准

确度。因此通常都用压强落差来测量实验段风速。

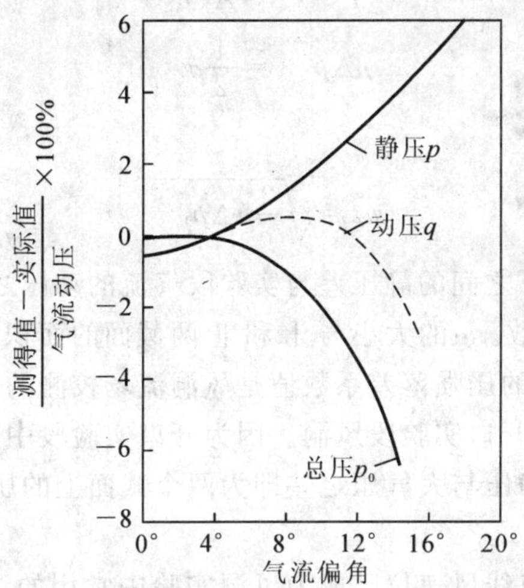

图 6-15　风速管气流偏角特性曲线

如图 6-16 所示,压强落差法是在风洞稳定段整流网的下游(截面 Ⅰ)和实验段的入口处(截面 Ⅱ)的洞壁上开静压孔,测出它们的静压 p_1 和 p_2。由于气流在流动中存在着能量损失,下游的气流总压较上游的总压要低一些。如用伯努利方程来描述,则须引入修正项,即

$$p_1 + \frac{1}{2}\rho v_1^2 = p_1 + \frac{1}{2}\rho v_2^2 + k\,\frac{1}{2}\rho v_2^2 \tag{6-12}$$

式中,k 为两截面间的压强损失因数。

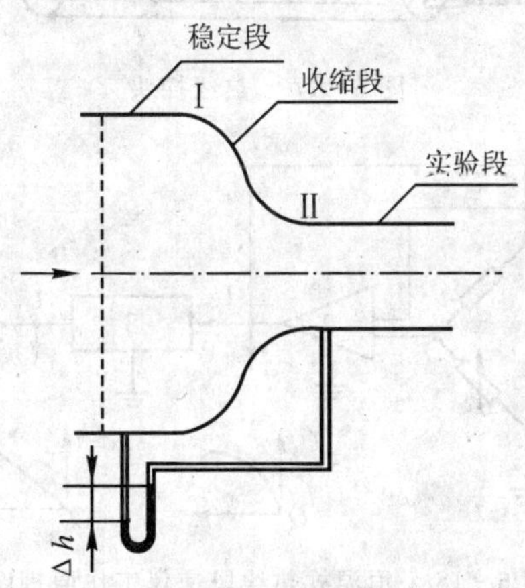

图 6-16　落差法测量风速的原理

由连续方程

$$A_1 v_1 = A_2 v_2 \tag{6-13}$$

则得

$$\Delta p_{1-2} = p_1 - p_2 = \frac{1}{2}\rho v_2^2 \left[1 - (A_2/A_1)^2 + k\right] \tag{6-14}$$

引入压强落差系数

$$\mu = \frac{1}{[1-(A_2/A_1)^2+k]} \tag{6-15}$$

$$\mu \Delta p_{1-2} = \frac{1}{2}\rho v_2^2 \tag{6-16}$$

最后得

$$v_2 = \sqrt{\frac{2}{\rho}\mu \Delta p_{1-2}} \tag{6-17}$$

式(6-16)表明，截面Ⅰ和Ⅱ之间的静压差与实验段气流的动压之间存在一定的比例关系，其比例系数μ称为压强落差系数。μ的大小与Ⅰ和Ⅱ两截面的面积比以及两截面间的能量损失等因素有关。测量低速风洞的压强落差系数值是风洞流场校测的主要项目之一。

压强落差法同样适用于开口实验段风洞。因为开口实验段中的气流静压与风洞实验室大气压相等，所以稳定段壁面静压与大气压之差即为两个截面上的压差。

3. 用热线风速仪测量风速

随着科学技术的发展，热线风速仪已成为风洞实验中常用的测量仪器之一。典型的热线探头如图6-17所示。上面有一根很细的并通有电流加热的金属丝，称为热线。热线通常是表面镀铂的钨丝，直径约为5μm，长度约为1～2mm。热线两端焊在两根支杆上，通过绝缘支座引出接线。热线探头可根据测量要求和测点位置的特点设计成各种形式。除常用的单线探头外，还有组合的双线和三线探头，用以测量平面和空间气流的速度和方向。

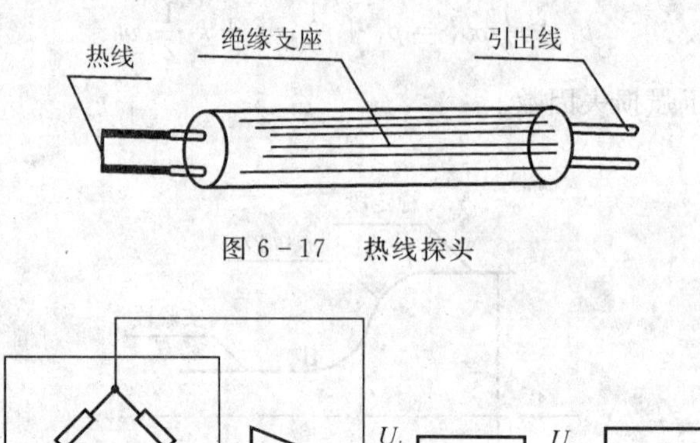

图6-17　热线探头

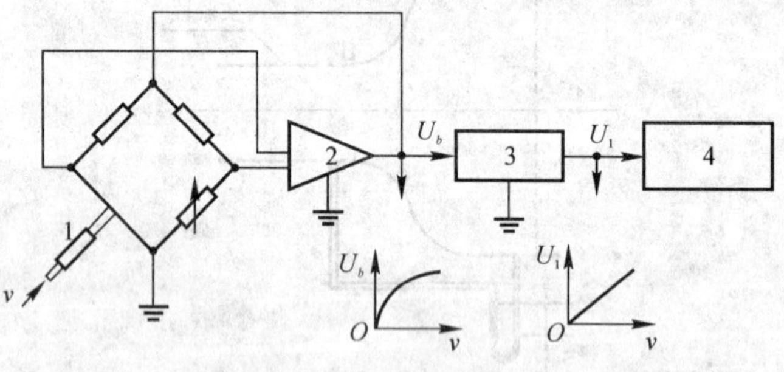

图6-18　恒温式热线风速仪工作原理图

1— 热线探头；2— 伺服放大器；3— 线化器；4— 计算机

如图6-18所示是恒温式热线风速仪工作原理图。将热线探头接入测量电桥中，给电桥加上一定的电压，当热线探头加热到工作温度时电桥处于平衡状态。此时将热线探头垂直地放置于流场中（热线的轴线与气流方向垂直），当有气流流过热线探头时，其散热量将增大，随着热线温度的下降，其电阻值逐渐减小。这种变化使电桥失去平衡，因此电桥两端将有电压信号输出。将这个电压信号输入伺服放大器，放大器随即改变电桥的电压，增大输给热线的电流

(功率),补偿热线所散失的热量,使热线恢复到原先的工作温度。电桥在新的电压下达到新的平衡。这种风速仪是应用反馈原理来控制电桥电压使热线的工作温度保持恒定的,故称为恒温式热线风速仪。由于电桥电压随着热线上的散热情况而变化,故测量出电桥电压的变化,就可知道流场的风速变化。其灵敏度和频率响应都是相当高的。

恒温式热线的风速仪电桥电压与流场之间的关系为

$$U_b^2 = [A + B(\rho v)^{1/n}](t_\delta - t_e) \tag{6-18}$$

式中　U_b—— 恒温式热线风速仪电桥电压;

t_δ—— 热线的工作温度;

t_e—— 流体温度;

n—— 指数,与流动情况及热线探头的类型有关,通常为 1.96 ~ 2.2;

A,B—— 取决于流体特性的常数。

式(6-18)表明了恒温式热线风速仪的电桥电压与流体密度、速度和温度之间的关系。当 t_δ, t_e, ρ 恒定时,电桥电压与速度之间的关系可由式(6-18)简化为

$$U_b^2 = a + bv^{1/n} \tag{6-19}$$

式中,a,b 和 n 是与流体密度、流体温度、速度范围、热线材料、热线探头类型和热线工作温度等因素有关的常数。a,b 和 n 值须通过校准才能确定。还须注意,即使对同样的流体介质,用同一个热线探头进行流速测量,在使用一段时间之后也会因热线上沾染尘埃等因素,使热线的散热特性发生变化,引起测量误差。因此应当经常地在与使用条件类似的流场中校准热探头。

由式(6-19)可知,热线风速仪的电桥电压与风速之间的关系是非线性的,在进行风速测量时会感到很不方便。因此在热线风速仪内通常装有线化器,使输出信号与风速之间呈线性关系变化,即

$$v = KU_l n \tag{6-20}$$

式中　U_l—— 热线风速仪线化器输出电压;

K—— 比例常数,由校准确定。

由于热线风速仪的输出为电压信号,故可以用直流数字电压表、示波器、磁带记录仪器和计算机等仪器设备进行数据的记录和处理。

在风洞实验中,热线风速仪主要用在附面层内以及模型周围等流场中进行精密度要求较高的速度测量。

热线风速仪的缺点主要有不能在很宽的温度、密度和组分范围内工作;不能测量反向流;精度不够高和使用不够方便。

4. 用激光多普勒测速仪(LDV)测量风速

激光多普勒测速仪是利用多普勒效应来测量流体速度的一种方法。二维 LDV 系统结构如图 6-19 所示。

所谓多普勒效应就是波源与观察者(接收器)间有相对运动时,观测到的波频率与波源发出的波频率不同的现象,也称多普勒频移。由激光器产生的一束激光束被分光镜分成能量相同的两束,这两束同源同频激光以一定的夹角在被测物表面相交,就会在被测物表面产生明暗相间的等间距的条纹(见图 6-20)。当被测物通过此条纹时,光斑发散产生一个频率与运动速度成比例的强调制信号。部分散射光被摄像头接收,经过光电二极管转换成电信号,再由信号处理器进行处理,最后输出并显示速度值。

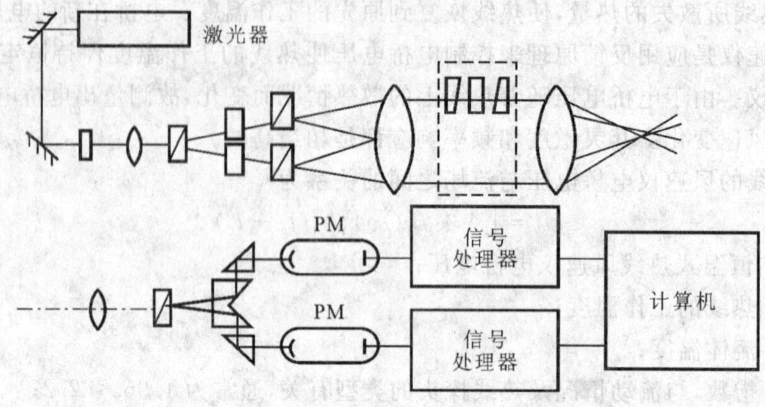

图 6-19　二维 LDV 系统结构简图

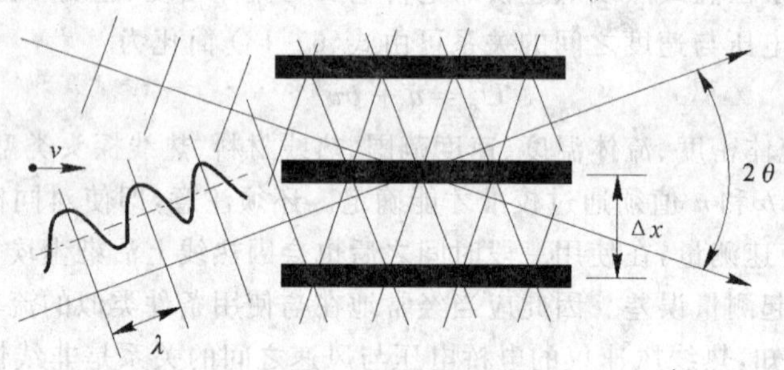

图 6-20　多普勒测速原理图

$$v=\frac{f_D\lambda}{2\sin\theta} \tag{6-21}$$

式中　f_D—— 多普勒频率；

λ—— 激光波长；

θ—— 两束激光的半夹角；

v—— 粒子速度。

LDV 系统从功能上分为光路部分和信号处理部分。光路部分一般采用 He-Ni 激光器或 Ar 离子激光器。带有频移装置的分光器将激光分成等强度的两束，经过单模保偏光纤和光纤耦合器，将激光送到激光发射探头。接收探头将接收到的多普勒信号送到光电倍增管转化为电信号，并进行处理，再发送到多普勒信号分析仪分析处理后至计算机记录，配套系统软件可以进行数据处理工作。在流场中存在适当示踪粒子的情况下，可同时测出流动的三个方向速度及粒子直径。

LDV 的优点为对于流场没有干扰，测速范围宽，而且由于多普勒频率与速度成线性关系而与温度、压力没有关系，因而测量精度非常高。

LDV 的缺点主要在于适当粒子的投放问题以及投放装置对于流场的干扰很难避免。

八、马赫数测量

1. 超声速气流马赫数测量

超声速气流马赫数，通常借助于测量气流的压强参数而间接地计算出来。在原理上可用

p_0/p'_0，p/p_0 和 p/p'_0 之间与任一关系式来确定 Ma。但在实际测量时，应根据流动的具体情况而选用适当的测量方法。

在超声速风洞中，通常认为气流从稳定段到实验段之间的流动过程接近于等熵过程。因此，稳定段中气流的总压 p_0 可作为实验段中超声速气流的总压。当实验段超声速气流的马赫数较高时($Ma > 1.6$)，正激波后的总压 p'_0 可用平头形总压管较准确地感受出来。由正激波总压比 p'_0/p_0 即可求出总压管所在位置的气流马赫数。此外，也可在实验段中安装如图 6-5(b) 所示的尖锥形静压管，测量出超声速气流的静压，根据 p/p_0 按等熵关系式可得到静压管所在位置的气流马赫数。但当 $Ma > 1.6$ 时，超声速风洞的静压较低，在测量时又易受其他因素的影响，故静压测量的准确度较差，致使马赫数的测量误差较大。在实际测量工作中，难以实现在同一位置、同一瞬间测量出气流的 p 和 p'_0，因此，只有在均匀定常的超声速气流中才能分别用静压管和总压管测量出 p 和 p'_0，从而计算出超声速气流的马赫数。但是，即使在最好的情况下，静压也是一个非常难测准的量。

对于几何形状一定的喷管，在流场校测时所测定的模型实验区的平均马赫数即为使用该喷管时的实验马赫数。也就是说，模型实验时不需要再测量来流的马赫数。

此外，还可测量圆锥(或尖劈)模型上的静压，同时在稳定段测量的总压，根据圆锥激波(或斜激波)关系式确定超声速气流的马赫数。如果用光学法测出圆锥(或尖劈)模型头部激波的斜角，亦可确定气流的马赫数。由于圆锥(或尖劈)模型表面的附面层的影响，这两种方法测量结果的准确度较低。

2. 跨声速气流马赫数测量

跨声速气流的马赫数，可用测量总压和静压的方法，按等熵关系式计算出来。

在跨声速风洞中，测量总压有两种方法。最常用的方法是在稳定段测量总压，作为实验段气流的总压，当 $Ma < 1$ 时也可用总压管在实验段中测量总压。

流场校测时常用一种位于风洞轴线上的轴向静压探测管来测量静压。这种静压管起始于稳定段，一直延伸通过实验段，沿轴向开有若干个静压孔。也可使用如图 6-5(a) 所示的静压管测量静压，但这种方法在流场校测中很少应用。有时也在风洞壁上测量静压。

在模型实验过程中，为了确定来流的马赫数，需要使用一个参考点静压。这个参考点可选为位于驻室外壁上的测压孔，或选为实验段前端离模型尽可能远的壁面上的测压孔。通常用压强传递导管将上、下驻室的测压孔连通作为一个参考点。流场校测时可在测量实验段模型实验区的静压分布的同时测量参考点上的静压以及稳定段总压，按等熵关系式计算出模型实验区的平均马赫数 Ma_{pj} 和参考马赫数 Ma_c，求出马赫数修正值 $\Delta Ma = Ma_{pj} - Ma_c$。在模型实验时，测量出稳定段总压和参考点静压计算出参考点马赫数 Ma_c，然后再加上相应的修正值，就可确定模型实验马赫数，即 $Ma = Ma_c + \Delta Ma$。

九、气流方向测量

1. 低速气流方向测量

在低速气流中常用五孔探头(见图 6-21) 来测量流场中某一点的气流方向。探头的头部为半球形，上面开有 5 个测压孔。上、下两个测压孔(孔 1 和孔 3) 用来测量气流在垂直平面内的气流方向与探头轴线之间的夹角 α；左、右两个测压孔(孔 4 和孔 5) 用来测量在水平面内的气流方向与探头轴线之间的夹角 β。

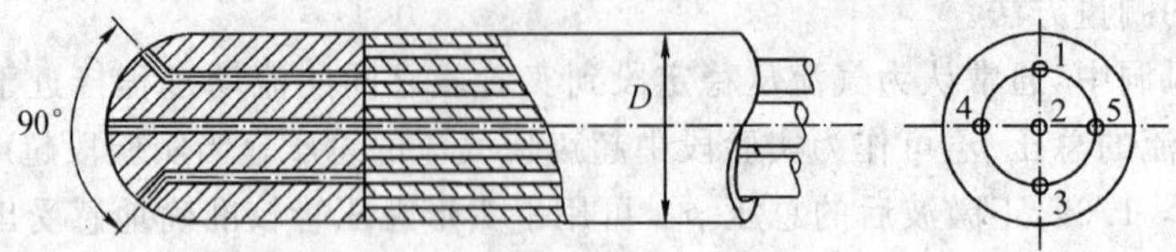

图 6-21　五孔探头

五孔探头测量流向的原理是：假定半球形头部和5个测压孔的加工都非常准确，当气流顺着探头的轴线流动时，则 $p_1=p_3=p_4=p_5$。而当气流方向与探头轴线之间有偏角时，则会引起半球形头部的表面压强分布发生变化。对上、下两个测压孔来说，$p_1\neq p_3$ 产生与 α 有关的压强差，即 α 与 $\Delta p_{1-3}=p_1-p_3$ 有关。而左、右两上测压孔产生与 β 有关的压强差，即 β 与 $\Delta p_{4-5}=p_4-p_5$ 有关。此时，若转动探头，使 $p_1=p_3$，$p_4=p_5$，则探头轴线即为气流方向。

在实际使用中，上述方法的缺点是测量的时间较长（须慢慢地来回转动探头），测量设备复杂（需要精密的转角机构），测量准确度低（会受到孔及头部形状的加工准确度、Δp 趋近于零时的判读准确度以及转角机构的准确度等影响）。因此通常采用校准方法，绘制出 $\Delta p_{1-3}/q$ 与 α 的关系曲线和 $\Delta p_{4-5}/q$ 与 β 的关系曲线。使用时将五孔探头安装在待测流场中，测出各测压孔的压强值，根据校准曲线即可计算出探头所在位置处气流的流向。这种五孔探头可用来测量 $\pm 40°$ 以内的气流偏角。

也有些探头将头部形状制成球形或四棱锥形，其原理和使用方法与半球形头部的五孔探头相同。此外也可在五孔探头的侧壁上再开气流静压测量孔，则称为六孔探头。这种探头在测量流场的点流向的同时还可以测定气流的速度。

2. *跨声速气流方向测量*

跨声速气流的方向，可用圆锥角为60°的圆锥形探头来测量，如图6-22所示。在锥面上对称位置开有两个静压测压孔。当气流方向与探头的轴线不一致时，两个静压孔所感受的压强不相等，产生与气流偏角大小成比例的压差 Δp_{1-2}（$\Delta p_{1-2}=p_1-p_2$）。也就是说，Δp_{1-2} 的大小反映了气流方向与探头对称轴线之间的夹角大小。由于存在加工误差等原因，圆锥形方向探头在使用前必须进行校准。此外，也可用由两支彼此倾斜60°的压强探测管组成的弯管形方向探头来测量跨声速气流的方向。如图 6-25 所示为这个两探头在跨声速流场中其轴线相对于气流方向每倾斜 1°所产生的 $\Delta p_{1-2}/p_0$ 值即灵敏度的典型实验曲线。

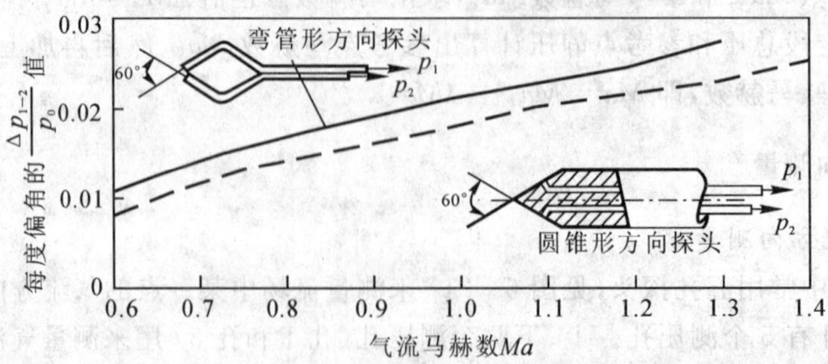

图 6-22　跨声速气流中的方向探头及其灵敏度

3. 超声速气流方向测量

超声速气流的方向可用圆锥形或尖劈形方向探头来测定。其结构与跨声速方向探头相类似，在圆锥或尖劈的两侧开有静压测量孔。当气流方向与探头对称轴线不一致时，两侧的静压孔所感受到的静压不相等，产生与偏角大小成比例的压强差。图6-23给出了在不同马赫数的流场中各种不同形状探头的灵敏度实验曲线。从图6-23中可以看到，随圆锥角增大方向探头的灵敏度提高，方向探头应在出现附体斜激波的马赫数范围内工作。同样，由于加工误差等原因，在超声速气流中应用的方向探头也须进行校准。

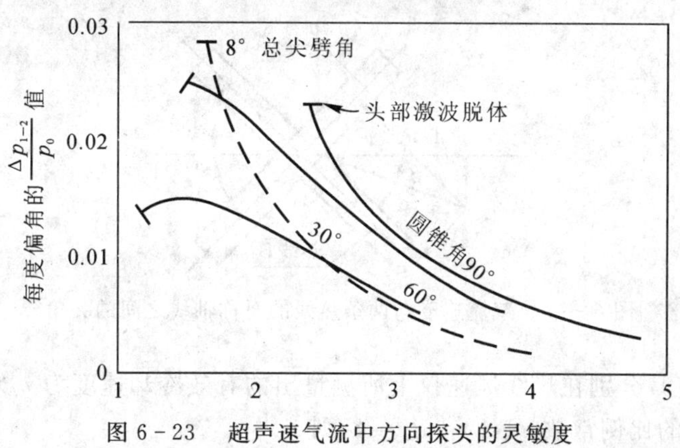

图 6-23　超声速气流中方向探头的灵敏度

4. 用热线风速仪测定气流方向

当热线的轴线与气流流动方向垂直时，气流对热线的冷却效应最显著，即热线的散热量最大。如果两者之间的夹角减小，则气流对热线的冷却效应降低，热线风速仪线化器的输出电压U_l减小。由线化器输出电压所得出的有效冷却速度v_{ef}比实际流动速度v要低。通常可近似地认为有效冷却速度等于风速对热线的垂直速度分量，即

$$v_{ef}=KU_l=v\sin\alpha \tag{6-22}$$

式中　α——气流流动方向与热线的轴线之间的夹角，如图 6-24 所示。

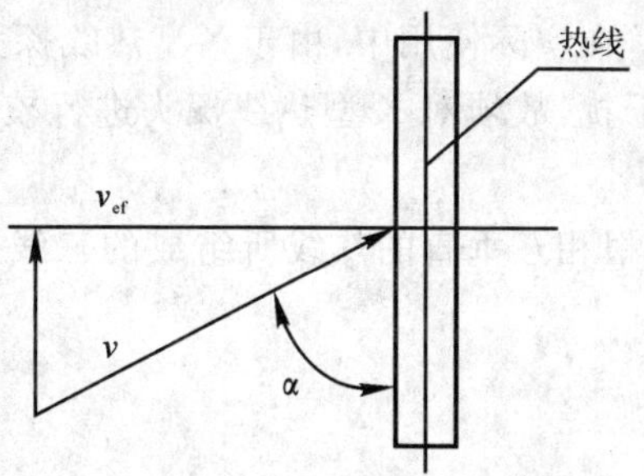

图 6-24　气流流动方向与热线的轴线之间的夹角

热线在气流中散热时的这种方向特性，可用来测量气流的方向。如将图6-24所示的单线热线探头安装在可转动的支架上，来回转动热线探头，改变热线与气流之间的夹角。当热线风速仪输出电压达到最大值时，表明热线已与流动方向相垂直，由此可确定气流的速度大小和方向。

在二维流场中,可用由两根在空间相互垂直交叉而相互之间的间距很近的热线所构成的X型的热线探头来确定流动的速度大小和方向。其原理是:在A和B两条热线所组成的平面内(近似看成这两条热线是相交的),气流速度 v 与两条热线的对称轴线之间的夹角为 β,如图6-25所示。气流速度在平行于热线的对称轴线上的速度分量为 v_1,垂直于对称轴线的速度分量为 v_2,则

$$v_1 = v\cos\beta \tag{6-23}$$

$$v_2 = v\sin\beta \tag{6-24}$$

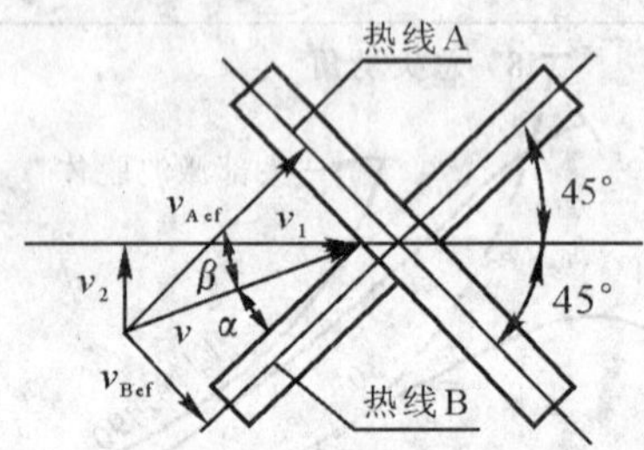

图6-25 气流速度与两条热线的对称轴线之间的夹角

热线A和热线B分别在热线风速仪上所测量出的有效冷却速度为 v_{Aef} 和 v_{Bef}。在校准时调节好各台线化器的比例常数,使 $k_A = k_B = k$,则

$$v_{\mathrm{Aef}} = v\cos\alpha = kU_{lA}$$

$$v_{\mathrm{Bef}} = v\sin\alpha = kU_{lB}$$

又因为

$$\alpha + \beta = 45°,\quad \beta = 45° - \alpha \tag{6-25}$$

所以

$$v_1 = v\cos(45° - \alpha) = v(\cos 45°\cos\alpha - \sin 45°\sin\alpha) \tag{6-26}$$

$$v_2 = v\sin(45° - \alpha) = v(\sin 45°\cos\alpha - \cos 45°\sin\alpha) \tag{6-27}$$

则 U_{lA} 和 U_{lB} 这两个信号之和与平行于对称轴线的流动速度分量成正比,而两个信号之差与垂直对称轴线的流动速度分量成正比。因此应用X型探头可以测定在两根热线所在的平面内的二维流动的方向和风速大小。在实际使用中,由于X型热线探头存在加工误差、支杆与热线之间以及热线与热线之间存在干扰,故须对X型热线探头进行校准后方可用来测定二维流场中某一点的风速大小和方向。

根据同样原理,还可用三根相互垂直的热线所组成的三线探头来测定三维流场中某一点的速度大小和方向。

十、气流紊流度测量

1. 有效雷诺数

由于洞壁的摩擦,扩压段中气流的局部分离、风洞各部分的机械振动、风扇叶片的搅动以及动力段止旋片和拐角导流片的尾流等因素的影响,低速风洞实验段中的气流,虽然经过蜂窝器和整流网等的整流,但仍然存在许多不同尺度的小旋涡。这些小旋涡所产生的紊流脉动使风洞实验段气流中的紊流度比自由大气中的紊流度大得多。气流的紊流度会影响模型气动力特征,造成在相同的雷诺数下用不同风洞得到的实验结果之间的差异,以及风洞实验与飞行实

验结果之间的差异。大体上说，在风洞中紊流度与雷诺数对某些气动现象的影响是类似的，紊流度的大小也会影响附面层的类型以及转捩点和分离点的位置等。其总的影响趋势是紊流度越大，附面层越易从层流转捩为紊流，越不易分离。风洞内较高的紊流度使模型周围的流谱与在较高的雷诺数下自由流中实物的流谱较相似。因此，风洞中气流的紊流度对模型气动力的影响，可以近似地看做模型实验是在一个相当于大气中紊流度很低而雷诺数较高的有效雷诺数 Re_{ef} 下进行的，通常引入紊流度因子 TF 来修正不同紊流度时的实验雷诺数为有效雷诺数，即

$$Re_{ef} = TF \times Re \tag{6-28}$$

式中，Re 是模型在风洞中的实验雷诺数，又称为名义雷诺数。紊流度因子 TF 表征了气流紊流度的大小。如图 6-26 所示为紊流度与紊流度因子之间的关系。

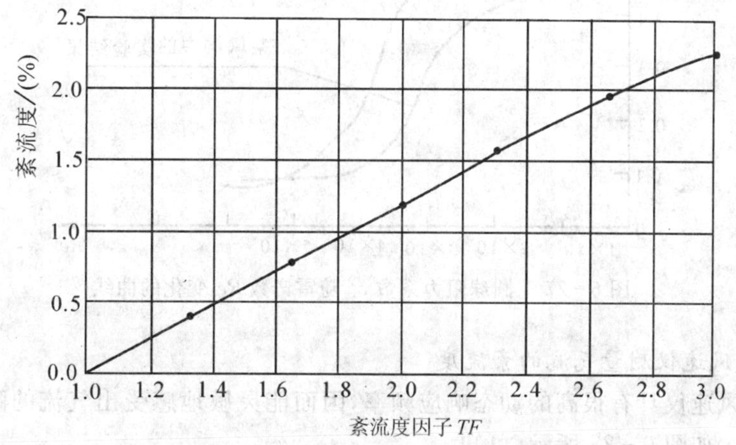

图 6-26　紊流度与紊流度因子之间的关系

2. 用圆球测量低速气流的紊流度

在自由大气中圆球的阻力因数与雷诺数（以圆球直径为特征长度）之间的关系很密切。当雷诺数较低时，圆球表面上附面层为层流型，层流分离点靠前（$\theta \approx 83°$），压差阻力因数较大，总阻力因数 c_x 值约为 0.48。随着雷诺数增加，层流附面层在球面上某处转捩为紊流附面层。当雷诺数较高时，紊流分离点靠后（$\theta \approx 140°$），压差阻力因数较小，总阻力因数 c_x 值约为 0.1。圆球阻力因数 c_x 随雷诺数 Re 变化的曲线如图 6-27 所示。阻力因数 c_x 值发生明显变化的雷诺数范围称为临界区。为了实用方便，规定当 $c_x = 0.3$ 时所对应的雷诺数为临界诺数 Re_{lj}。

若把圆球置于不同风洞中测量其阻力因数随雷诺数的变化，则会发现实验结果与自由大气中得到的结果差较大，并且各风洞的实验结果之间也有差异，特别是在临界区内数据的分散度很大（见图6-27）。如把圆球模型放在同一座风洞内，用紊流网（格栅）等方法改变气流的紊流度，也可得到类似的结果。这是由于不同紊流度的气流会引起圆球上的附面层在不同的雷诺数下由层流转捩为紊流。紊流度是促使附面层转换的一个重要因素。也就是说，在圆球上附面层出现转捩的临界雷诺数是气流中已具有的紊流度的函数。为此，可用测定圆球临界雷诺数的方法来测定气流的紊流度以及紊流度因子。其方法是：用直径 120～150mm 的光滑圆球模型（紊流球）置于风洞实验段中，测量出圆球的阻力因数随实验雷诺数变化的曲线，找出

阻力因数等于 0.3 所对应的雷诺数即为圆球的临界雷诺数。在大气中紊流度极低的情况下，圆球的临界雷诺数为 3.85×10^5。根据有效雷诺数的概念，按式(6-28)用圆球测定气流紊流度因子的关系式为

$$TF=3.85\times10^5/Re_{lj} \tag{6-29}$$

由式(6-29)得到了紊流度因子值后查图 6-26，即可确定气流的紊流度。

用圆球测量气流的紊流度，不论是测力法还是测压法，若气流的紊流度因子低于 1.05 或气流的马赫数大于 0.3，就不能获得准确的测量结果。

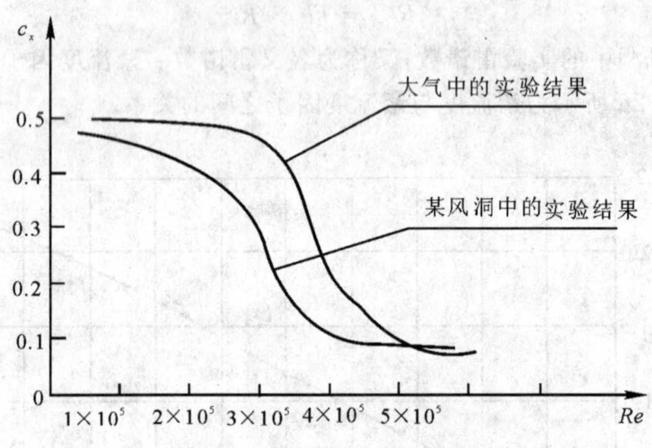

图 6-27　圆球阻力系数 c_x 随雷诺数 Re 变化的曲线

3. 用热线风速仪测量气流的紊流度

由于热线风速仪具有很高的动态响应频率，因而能灵敏地感受出气流的瞬时速度随着时间变化的情况。如图 6-28 所示，可知

$$v=\bar{v}+v' \tag{6-30}$$

式中　v ——(通常写为) 瞬时速度；

$\bar{v}$ —— 平均速度；

v'—— 脉动速度。

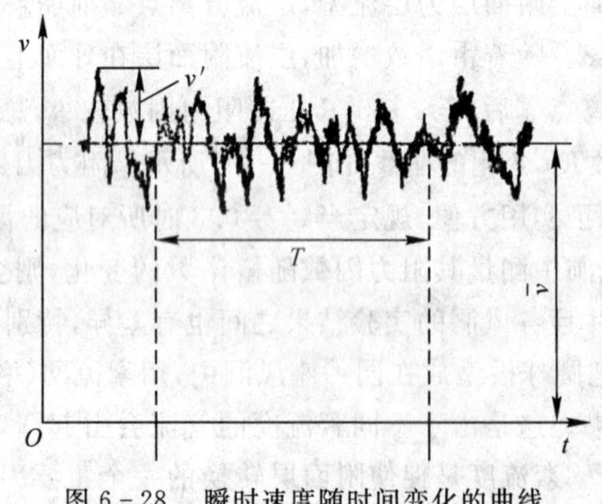

图 6-28　瞬时速度随时间变化的曲线

因此，热线风速仪不仅可以用来测量气流的平均速度的大小和方向，而且还主要地用来测量气流中脉动速度的大小。

风洞实验段中的气流（空风洞）通常可以认为是各向同性紊流的，即

$$\overline{v'^2_x} \approx \overline{v'^2_y} \approx \overline{v'^2_z}$$

则

$$\varepsilon = \frac{1}{v}\sqrt{\frac{1}{3}(\overline{v'^2_x} + \overline{v'^2_y} + \overline{v'^2_z})} = \frac{1}{v}\sqrt{\overline{v'^2_x}} \tag{6-31}$$

式中　ε——紊流度；

$\sqrt{\overline{v'^2_x}}$——气流平均速度方向上的脉动速度分量 v'_x 的均方根值。

因此在各向同性紊流中，只要用单线热线探头，使热线的轴线垂直于平均速度的方向，并将热线风速仪测量电桥的输出电压信号接入线化器，则线化器的输出电压信号 U_l 与瞬时风速 v 之间呈线性关系，即

$$v = KU_l$$

得

$$\bar{v} = K\bar{U}_l$$

$$\sqrt{\overline{v'^2_x}} = KU'_{lrm\delta} \tag{6-32}$$

则

$$\varepsilon = \frac{1}{v}\sqrt{\overline{v'^2_x}} = \frac{U^{p\infty}_{lrm\delta}}{U_l} \tag{6-33}$$

式中　$\bar{U}_l$——线化器输出电压的直流分量，可用直流数字电压表测出；

$U'_{lm\delta}$——线化器输出电压脉动分量的均方根值，由均方根电压表测出。

由式(6-33)可知，应用热线风速仪可以方便地测量出热线探头所在位置气流的紊流度大小。

4. *跨声速风洞紊流度测量*

跨声速风洞通常具有相当高的紊流度，致使模型上的附面层在较低的雷诺数下就从层流转换为紊流，加之附面层与激波之间的相互干扰等因素，模型的空气动力会明显地受到气流紊流度的影响。确定跨声速风洞实验段气流紊流度最常用的方法是将热线探头安装在风洞的稳定段出口处，测出稳定段中气流的脉动速度。一般认为，稳定段出口处气流的脉动速度会以同一量值进入实验段。因此，测出稳定段的脉动速度大小和实验段中的流速，即可确定实验段中的气流紊流度。

5. *超声速风洞紊流度测量*

超声速风洞实验段气流中存在着高频紊流脉动。这种紊流脉动是由含有速度、温度（焓）和静压（噪声）等小振荡所组成的。产生紊流脉动的主要原因是各种阀门和各种扰动因素（如接缝、台阶等）引起的波动以及激波与附面层之间的干扰等。同样，这种紊流脉动会对模型表面的附面层转捩产生影响。而这种紊流脉动在大气中是不存在的，因此这也是引起风洞实验结果与真实飞行之间产生差别的因素之一。这种紊流脉动的强弱通常用转捩锥来确定。转捩锥是具有 5°或10°圆锥角的细长锥体，其表面磨得非常光滑。将它置于实验段中，其轴线与气流方向（风洞中心线）一致，测定在转捩锥上的转捩雷诺数，并与其他风洞中所测得的转捩雷诺数相比较，以鉴别该风洞的紊流脉动量的相对强弱（目前尚未制定出定量指标）。

十一、跨、超声速风洞噪声测量

在跨、超声速风洞实验段气流中不仅有不规则的相对于气流平均速度的脉动速度——紊流度，而且还伴随着不规则的相对于气流平均静压的脉动压强——噪声，噪声的强弱通常用声压级来度量，即

$$L_p = 20\lg(p/p_0) \tag{6-34}$$

式中 L_p——噪声声压级，dB；

p——噪声声压，气流中脉动静压的均方根值，Pa；

p_0——基准声压，即声波能够引起人听觉的平均最弱声压，空气中 $p_0 = 2\times10^{-5}$ Pa。

值得注意的是，式(6-34)中的符号并非静压和总压，不要混淆。

风洞实验段气流中脉动静压的测量方法是将高灵敏度和高频响的微型电容式或压电式测压传感器(传声器)安装在实验段的的侧壁或尖劈(尖锥)模型内(直接与静压孔连通以减少导管对频响的影响)，由测压传感器感受出脉动静压随时间的变化，然后用磁带记录仪记录或用实时频谱分析仪进行检测。

间歇吹气式跨、超声速风洞工作时间的噪声主要来源于：各种阀门的强节流作用而产生的高速射流噪声；超声速实验段洞壁紊流附面层以及模型上的激波与壁面附面层之间干扰所产生的噪声；扩压段气流的局部分离以及扩压段中激波与附面层之间干扰所产生的噪声；风洞排到洞外的气流与大气之间相互作用所产生的噪声；等等。现已探测到跨声速风洞模型实验区内气流噪声的声压级达到150dB(相当于喷气式发动机尾喷流噪声的声压级)。风洞中过高的噪声声压级会促使模型上的附面层提前转捩，引起的阻力及其他气动力特性的测量结果与大气中真实飞行情况不符，因此要求降低风洞的噪声。另外，为研究飞机的气动力噪声问题，也要求降低风洞的噪声。因此如何估计风洞噪声的影响以及怎样降低风洞的噪声问题已受到普遍的重视，正在进行深入的研究。

第三节　应用举例

本节介绍如何用动量法测量翼型阻力。

气流流过翼型，在翼型后面形成尾流，翼型所受的阻力越大，尾流内气流的机械能越小。如果能测出尾流内的流场，就可以用动量定理算出模型所受的阻力 Q。为此，取一控制体，如图 6-29 所示。其中 0 截面取在翼型远前方，此处气流未受到翼型扰动，故气流的参数为 p_∞，ρ, v_∞, p_0。1 截面取在模型的远后方，此处气流的静压已恢复到 p_∞，密度为 ρ，速度为 v_1，总压为 p_{01}。上、下控制面与风洞水平对称面平行且离翼型无穷远，故上、下控制面不会有气流穿过，其上的静压为 p_∞。设模型受到的阻力是 Q，根据动量定理可得

$$Q = \int_{-\infty}^{\infty} \rho v_\infty^2 \mathrm{d}y - \int_{-\infty}^{\infty} \rho v_1^2 \mathrm{d}y_1$$

根据连续方程，上式可以写成

$$Q = \rho v_\infty^2 \int_{-\infty}^{\infty} \frac{v_1}{v_\infty}\left(1 - \frac{v_1}{v_\infty}\right) \mathrm{d}y_1 \tag{6-35}$$

因为1截面在离翼型无穷远处，尾流区为无穷大，所以积分限也是无穷大。这样做实际上是不可能的。为此，在翼型后适当位置取截面2，假设在这个截面上尾流内的静压已保持为常数，并且气流在1—2截面之间没有能量损失，所以2截面上尾流内的总压也是 p_{01}。而在尾流外，认为气流没有能量损失，因此总压 p_0 保持不变。令在2截面处气流的参数为 p_2, ρ, v_2, p_{01}（尾流外），阻力 Q 可表示为

$$Q=\rho v_{\infty}^2 \int_{-\infty}^{\infty} \frac{v_1}{v_{\infty}}\left(1-\frac{v_1}{v_{\infty}}\right) \mathrm{d} y_2 \qquad (6-36)$$

化为阻力因数

$$c_x=\frac{2}{b} \int_{-\infty}^{\infty} \frac{v_1}{v_2}\left(1-\frac{v_1}{v_{\infty}}\right) \mathrm{d} y_2 \qquad (6-37)$$

根据伯努利方程，上式可以写成

$$c_x=\frac{2}{b} \int_{-\infty}^{\infty} \sqrt{\frac{p_{01}-p_2}{p_0-p_{\infty}}}\left(1-\sqrt{\frac{p_{01}-p_{\infty}}{p_0-p_{\infty}}}\right) \mathrm{d} y_2$$

由于在2截面处尾流外的总压等于 p_0，则

$$\left(1-\sqrt{\frac{p_{01}-p_{\infty}}{p_0-p_{\infty}}}\right)=0$$

故积分只须在尾流内进行。把 p_2 和 y_2 的下标省略，用 p 表示尾流内的平均静压，则阻力因数的计算公式为

$$c_x=\frac{2}{b} \int_{w} \sqrt{\frac{p_{01}-p_2}{p_0-p_{\infty}}}\left(1-\sqrt{\frac{p_{01}-p_{\infty}}{p_0-p_{\infty}}}\right) \mathrm{d} y \qquad (6-38)$$

式中　b —— 翼型弦长；

y ——2截面与来流垂直在翼型厚度方向的坐标；

w —— 积分范围，即尾流区。

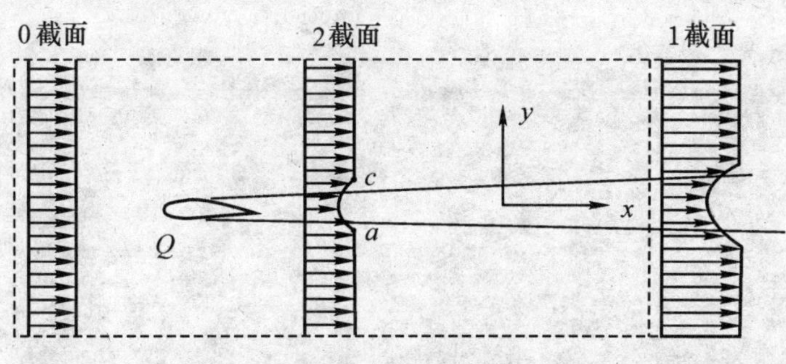

图6-29　用动量法测量翼型阻力

根据经验，2截面取在模型后缘之后0.5～1倍弦长处，尾流内的静压已为常数。实验时，用小型的总压排管测出尾流内的总压值 p_{01}，用静压管测出尾流内的静压 p，同时测出来流的 p_0 和 p_{∞}，就可以通过式(6-38)用数值积分的方法算出翼型的阻力因数。

思 考 题

1. 风洞实验的方法有哪些？其基本作用是什么？

2. 简述机械式天平与应变式天平的优缺点。

3. 请简单设计一根适用于低速风洞中测量风速的风速管（风洞壁面附面层厚度为10mm，风速管直径为10mm）。

4. 常用的流动参数有哪些？如何进行测量？

5. 某风洞流场中，气流平均脉动压力均方根值为0.2Pa，试问该流场的声压级是多少？

第七章　实验流体力学的新进展

学习本章后应掌握的内容：

(1) 数据处理、测力、流动参数测量等技术的最新发展。

(2) 实验流体力学的未来发展方向。

20 世纪 50 年代以前，航空研究在流体力学中占主导地位。至 20 世纪 70 年代初期，实验流体力学的研究已深入各个工程领域，研究重点由经典的位势流动、边界层和气体力学转向湍流、多相流、非牛顿流、地球物理流和工业流体力学等分支学科，形成蓬勃发展的百家争鸣之势。

电子技术、计算机技术、信息技术等的迅猛发展为实验流体力学的发展奠定了基础。本章拟对最通用、最基本的如数据处理技术、测力技术、流体流动参数测量技术等方面的新进展向读者作简单的介绍。

第一节　数据处理技术

当代实验流体力学的研究已深入到各个工程领域，在紊流、振动和噪声等领域的许多物理现象中，我们所感兴趣的一些物理量，诸如速度、加速度和压力随时间的变化往往不能重复进行实验，每次实验所得的记录彼此不同，不可能精确再现，这类现象称为随机现象。所测得相应的信号或数据称为随机信号或随机数据。这类数据不能用我们所熟悉的处理确定数据的方法来进行处理。对随机信号的处理称为随机信号分析。目前数据处理技术的发展主要集中于此。目前工程中最常用的有相关函数分析、谱密度函数分析、快速傅里叶变换(FFT)频谱分析以及条件采样和平均技术等。本节将结合一个实例介绍如何利用相关分析法从随机信号中提取出有用的周期信号。

考察一个实验，它产生两组成对的测量结果 x_i 和 y_i，$i=1,2,\cdots,n$。例如，它们分别代表作用在结构上的不同大小的载荷以及测得的对应结构应变。将一一对应的载荷和应变画在图 7-1 上。在理想的情况下，测量结果如图 7-1(a) 所示，x 和 y 之间有精确的线性关系。在图 7-1(b) 中，x 和 y 基本上呈线性关系，但没有严格的解析关系，这是由于测量中其他随机因素影响的结果。图 7-1(c) 的结果，没有确定的图像，这种情况 x 和 y 是不相关的，前面的两种情况则是相关的。

为评定 x 与 y 之间的线性相关程度，引入 x 与 y 之间的协方差

$$\sigma_{xy}=E[(x-\mu_x)(y-\mu_y)]=\lim_{N\to\infty}\frac{1}{N}\sum_{i=1}^{N}(x-\mu_x)(y-\mu_y) \tag{7-1}$$

式中，μ_x 和 μ_y 分别为 x 与 y 的均值。

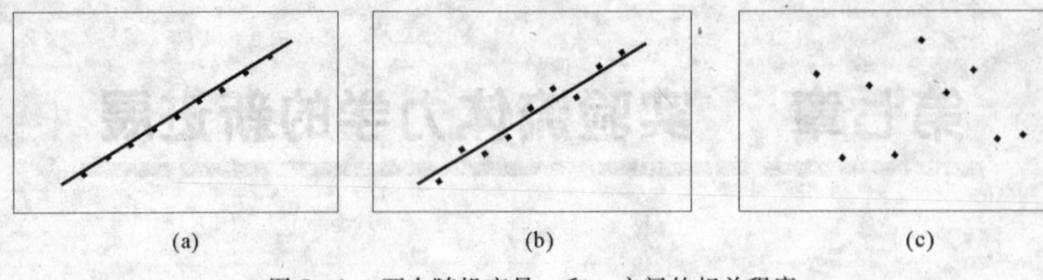

图 7-1　两个随机变量 x 和 y 之间的相关程度

(a) 精确线性相关；(b) 基本线性相关；(c) 不相关

对于图 7-1(a) 的情况，$(x_i-\mu_x)$ 为正时，$(y_i-\mu_y)$ 总是正的，$(x_i-\mu_x)$ 为负时，$(y_i-\mu_y)$ 又总是负的，因此它们的乘积都是正的，从而得到

$$\sigma_{xy}=\sigma_x\sigma_y$$

对于图 7-1(c)，$(x_i-\mu_x)$ 与 $(y_i-\mu_y)$ 的正积将和负积互相抵消，在极端的情况下，平均乘积 $\sigma_{xy}=0$。图 7-1(b) 这种情况的 σ_{xy} 则介于上述两种极端情况之间。如果定义相关系数

$$\rho_{xy}=\frac{\sigma_{xy}}{\sigma_x\sigma_y},\quad -1\leqslant\rho_{xy}\leqslant 1 \tag{7-2}$$

来评定相关程度，那么完全相关时，$\rho_{xy}=\pm 1$。其中负值对应于 x 与 y 之间变化的斜率为负的情况。完全不相关时，$\rho_{xy}=0$。

自相关函数。把经典方差的定义推广到连续时间历程，随机变量 $x(t)$ 在两个时刻 t 和 $t+\tau$ 的自协方差

$$C_{xx}(t,\tau)=E\{[x(t)-\mu_x][x(t+\tau)-\mu_x]\} \tag{7-3}$$

而根据定义，$x(t)$ 的自相关函数

$$R_{xx}(t,\tau)=E[x(t)x(t+\tau)] \tag{7-4}$$

可见，自相关函数实际是 $x(t)$ 具有零均值时的自协方差。图 7-2 示意地表示了自相关函数的计算。

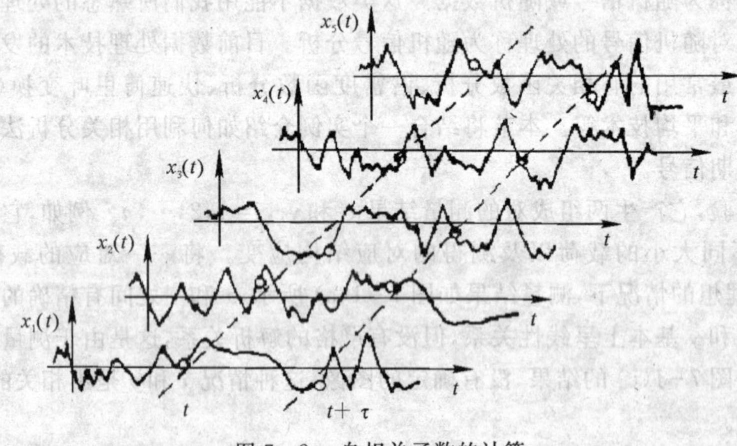

图 7-2　自相关函数的计算

如果随机过程是各态历经的，可以用对一个时间历程记录的时间平均代替集合平均，即

$$R_{xx}(\tau)=\lim_{T\to\infty}\frac{1}{T}\int_0^T x(t)x(t+\tau)\mathrm{d}t \tag{7-5}$$

这样，自相关函数只是时间历程上两组采样点之间的时间差或时间延迟 τ 的函数。自相关函数与自协方差有如下关系：

$$C_{xx}(\tau)=\lim_{T\to\infty}\frac{1}{T}\int_0^T[x(t)-\mu_x][x(t+\tau)-\mu_x]\mathrm{d}t \tag{7-6}$$

因此，只要记录的均值 μ_x 为零，R_{xx} 就等于 C_{xx}。在以后讨论中，如无特殊说明，就认为 $x(t)$ 的均值为零。

类似于式(7-2)，引入自相关系数

$$\rho_{xx}=\frac{E\{[x(t)-\mu_x][x(t+\tau)-\mu_x]\}}{\sigma_x^2}=\frac{R_{xx}(\tau)-\mu_x^2}{\sigma_x^2} \tag{7-7}$$

同样可以证明 ρ_{xx} 的极限为 ± 1。因此

$$-\sigma_x^2+\mu_x^2\leqslant R_{xx}(\tau)\leqslant\sigma_x^2+\mu_x^2$$

当两组采样点之间的时间间隔 τ 为零时，有

$$R_{xx}(\tau=0)=E[x(t)^2]=\phi_x^2$$

即等于过程的均方值。

对于平稳过程，$R_{xx}(\tau)$ 只取决于延迟时间 τ，而与 t 的值无关，可以推导出

$$R_{xx}(\tau)=E[x(t)x(t+\tau)]=E[x(t-\tau)x(t)]=R_{xx}(-\tau)$$

所以，$R_{xx}(\tau)$ 是 τ 的偶函数。

下面考察 $R_{xx}(\tau)$ 随 τ 的变化。图 7-3 表示了根据式(7-5) 求自相关函数的过程。当 $\tau=0$ 时，$x(t)$ 与 $x(t+\tau)$ 的乘积变成 $x(t)^2$，无论 t 取何值，它都是正的。因此，按式(7-5) 对 t 积分时，互相不抵消，R_{xx} 取最大值 ϕ_x^2。当 τ 不为零而取值很小时，由于时间历程是连续的，$x(t)$ 和 $x(t+\tau)$ 相差不大，相关性很高，在大部分 t 值下，两者同号，乘积为正；只在小部分 t 值下，$x(t)$ 和 $x(t+\tau)$ 符号相反，乘积为负。因此，对时间进行积分时，有部分乘积互相抵消，R_{xx} 值将有所减小。但是，当值增加到很大时，除非是周期性函数，否则 $x(t)$ 和 $x(t+\tau)$ 完全不相关。可以预计它们的乘积取正号和负号的可能性是相近的，对 t 进行积分时将互相抵消，最后趋向于零，即 $R_{xx}(\infty)=0$。当 $x(t)$ 的均值不为零时，可以证明 $R_{xx}(\infty)=\mu_x^2$。

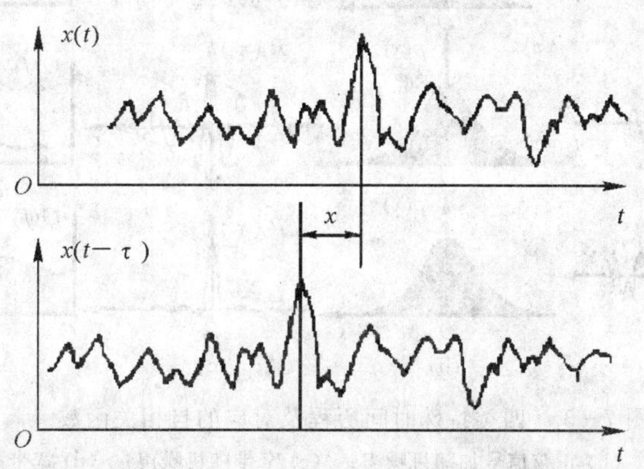

图 7-3　从一个各态历经样本记录求自相关函数

根据上述性质，自相关函数的典型图像如图 7-4 所示。

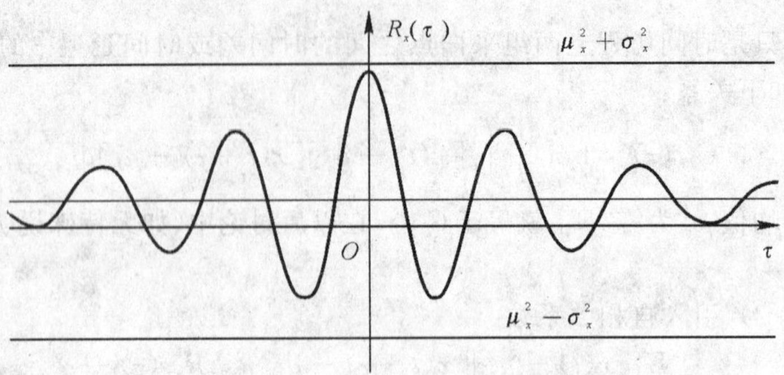

图 7-4　自相关函数特性的说明

如果 $x(t)$ 是周期函数，例如 $x(t)=\sin\omega t$，那么自相关函数

$$R(\tau)=\lim_{T\to\infty}\frac{1}{T}\int_0^T\sin\omega t\sin\omega(t+\tau)\mathrm{d}t=\lim_{T\to\infty}\frac{1}{T}\int_0^T(\sin^2\omega t\cos\omega\tau+\frac{1}{2}\sin2\omega t\sin\omega\tau)\mathrm{d}t=\frac{1}{2}\cos\omega\tau$$

可见，当 τ 趋向于无穷时，$R(\tau)$ 并不趋向于零，而与 $x(t)$ 以相同的频率周期变化。上面讨论的虽然是正弦函数特例，但是对于其他的周期函数，它们的相关函数也有这一特性。图7-5给出了四类特殊时间历程及其对应的自相关函数图形。如果随机信号中含有周期成分，自相关函数将取如图 7-5(b) 所示的形状。这样，它提供了一种从随机信号中识别隐藏着的周期信号的方法。

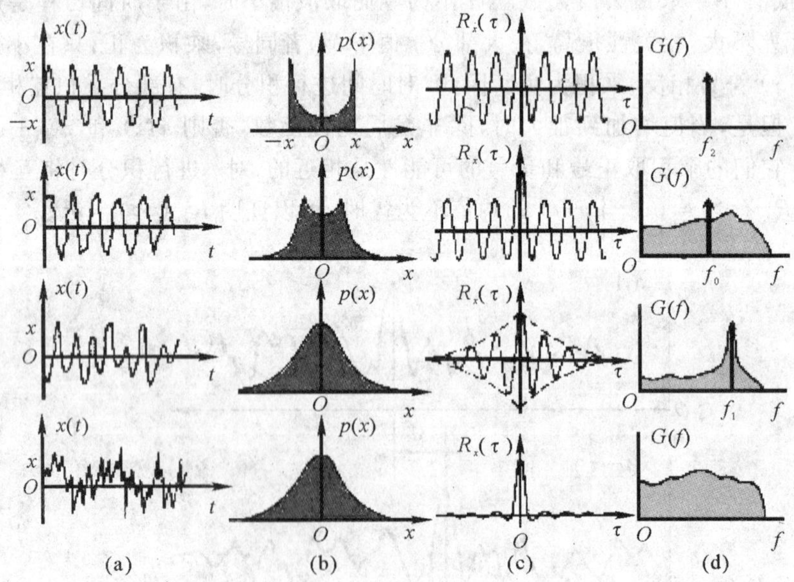

图 7-5　四类特殊时间历程及对应的自相关函数

(a) 正弦信号；(b) 正弦信号加随机噪声；(c) 窄带随机噪声；(d) 宽带随机噪声

下面以低速风洞中强迫振动法偏航振动导数测定为例介绍如何利用相关分析法从随机信

号中提取出有用的周期信号。

运动方程为

$$(I_y - M_y^{\ddot{\varphi}})\ddot{\varphi} + (D_\varphi - M_y^{\dot{\varphi}})\dot{\varphi} + (K_4 - M_y^{\varphi})\varphi = M\sin(\omega_y t) \tag{7-8}$$

式中　I_y—— 模型偏航惯性矩，N・m/(s^2・rad)；

$M_y^{\ddot{\varphi}}$—— 模型偏航惯性力矩(气动)，N・m/(s^2・rad)；

D_ψ—— 振动系统机械阻尼，N・m/(s・rad)；

$M_y^{\dot{\varphi}}$—— 模型偏航阻尼力矩导数(气动)，N・m/(s・rad)；

K_φ—— 振动系统弹簧系数，N・m/(s・rad)；

M_y^{φ}—— 模型恢复力矩导数(气动)，N・m/(s・rad)；

φ—— 模型偏航振动角位移，rad；

$\dot{\varphi}$—— 模型偏航振动角速度，$\dot{\varphi}=\frac{d\varphi}{dt}$，rad/s；

$\ddot{\varphi}$—— 模型偏航振动角加速度，$\ddot{\varphi}=\frac{d^2\varphi}{dt^2}$，rad/$s^2$；

M—— 强迫力矩幅值，N・m；

ω_y—— 强迫振动角频率，rad/s。

运动方程的一个定态解是

$$\varphi = \varphi_0 \sin(\omega_y t - \delta)$$

式中　φ_0—— 模型偏航振幅，rad；

δ—— 强迫力矩超前模型振动位移的相位角，(°)。

代入运动方程并经角度转化和无因次化得

$$m_y^\beta \cos\alpha - \bar{\omega}_y^2 m_y^{\bar{\dot{\omega}}_y} = \left[\left(\frac{M\cos\delta}{\psi_0}\right)_{\text{无风}} - \left(\frac{M\cos\delta}{\psi_0}\right)_{\text{吹风}}\right] \Big/ \left(\frac{1}{2}\rho V^2 sl\right) \tag{7-9}$$

$$m_y^\beta \cos\alpha + m_y^{\bar{\omega}_y} = \left[\left(\frac{M\sin\delta}{\psi_0 \omega y}\right)_{\text{无风}} - \left(\frac{M\sin\delta}{\psi_0 \omega y}\right)_{\text{吹风}}\right] \Big/ \left(\frac{1}{4}\rho V^2 sl\right) \tag{7-10}$$

式中

$$\bar{\omega}_y = \frac{\omega_y l}{2V} \tag{7-11}$$

$$\bar{\dot{\omega}}_y = \frac{\dot{\omega}_y l^2}{4V^2} \tag{7-12}$$

S—— 参考面积；

l—— 参考长度。

$$\Delta\beta = \psi\cos\alpha \cdot \psi_0 \sin(\omega_y t - \delta) \tag{7-13}$$

条件：$\Delta\beta'$，φ 都较小；$\gamma = 90°$。

由此可知，只要知道 M 和 δ，即可求出组合动导数 $m_y^\beta\cos\alpha - \bar{\omega}_y^2 m_y^{\bar{\dot{\omega}}_y}$ 和 $m_y^\beta\cos\alpha + m_y^{\bar{\omega}_y}$。

然而，应变天平反映的力矩信号不仅有基本的动力矩信号(基波)，还同时存在各次谐波信号、静力矩信号和随机噪声信号，可表示为

$$M_0 + M\sin(\omega t + \delta) + \sum_{n=2}^{\infty} M_n \sin(n\omega t + \delta_n) + M_c(t) \tag{7-14}$$

式中，M_0 是静力矩信号，即静不平衡量；$M\sin(\omega t + \delta)$ 是基波信号；$\sum_{n=2}^{\infty} M_n\sin(n\omega t + \delta_n)$ 是各

次谐波信号；$M_c(t)$ 是随机噪声信号。上述信号中除基波信号以外（幅值可能较小），其他都是无用信号（但幅值可能比较大）。取振动的基准信号 $\sin\omega t$ 作下列运算：

$$\lim_{t\to\infty}\frac{1}{t}\int_0^t\left[M_0+\sin(\omega t+\delta)+\sum_{n=2}^{\infty}M_n\sin x(n\omega t+\delta_n)+M_c(t)\right]\sin\omega \mathrm{d}t=\frac{M}{2}\cos\delta \tag{7-15}$$

$$\lim_{t\to\infty}\frac{1}{t}\int_0^t\left[M_0+\sin(\omega t+\delta)+\sum_{n=2}^{\infty}M_n\sin x(n\omega t+\delta_n)+M_c(t)\right]\cos\omega t\,\mathrm{d}t=\frac{M}{2}\sin\delta \tag{7-16}$$

由式(7-15)和式(7-16)即可求出和，也就是在大的“无用”信号中，用相关分析的方法取出了幅值较小的有用信号。

第二节　测力技术

测力的主要方法是使用天平。使用普通的机械式或应变式天平，不可避免地要使用模型支架。为了消除风洞实验中支架的干扰，使模型在接近于自由飞行的条件下进行实验，人们研究出一种新型天平 —— 磁悬式天平。

磁悬式天平由悬浮于实验段中的模型、位于实验段壁面外侧的若干个电磁线圈和专用的光学装置三部分组成，如图7-6所示。模型由软铁制成，或者在非磁材料模型中间镶嵌磁铁。当风速为0时，电磁线圈所产生的磁场力与模型的重力相平衡，使模型保持为一定的位置和姿态；当风速增加时，磁场力要与模型受到的空气动力相平衡。测量风洞吹风前、后各电磁线圈中电流的变化，即可确定模型所受的空气动力。光学装置发出的若干束光通过实验段射入光电管。当模型处于某一位置和姿态时，模型恰好遮去每束光的一半。模型的位置和姿态在空气动力作用下发生了变化后，引起光电管接受的光通量发生变化，经光电管转换为电压变化，再经过反馈系统来控制电磁线圈内电流的大小，以改变磁场力，使模型恢复到原来的位置和姿态。因此，只要测量通过电磁线圈的电流变化，或测量磁场强度的变化，即可测量各空气动力分量。总之，在磁悬式天平中，模型的位置、模型姿态的固定和改变、模型的空气动力的测量，都要依靠电磁线圈内电流的控制和测量。

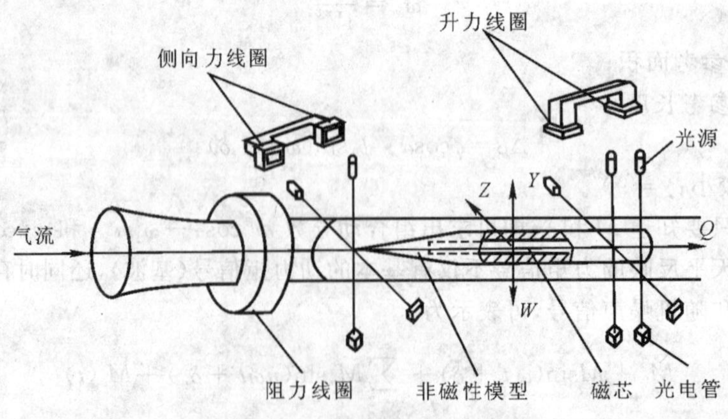

图7-6　磁悬式天平示意图

磁悬式天平的最大优点是可消除风洞实验时的支架干扰，因此在动导数、大迎角、喷流、马格努斯力等实验中有很好的应用前景。但由于磁悬式天平必须用很大的功率产生磁场，控制系统、测量系统十分复杂，目前仅在小型风洞中试用。

第三节 流体流动参数的测量

一、测压

测压方面的发展主要集中在高精度、高频响小型压力传感器研制，压力传感器实时校准技术，非定常压力分布测量的数据采集与实时处理技术，压敏漆技术等方面。

传统的压力测量是在壁面开总压或静压孔，然后通过导管接传感器，进行压电转换采集数据，这样做系统的频响比较低，难以胜任高精度、高频响的动态数据采集要求。目前的做法是直接将高精度、高频响的小型压力传感器埋于模型表面，直接将压力信号转换为电信号，通过导线传到数据采集系统，从而可以大大提高采集的频响。小型压力传感器的设计与制造技术成为关键。目前传感器的主要问题是价格过高，抗冲击性能差。

虽然小型压力传感器的技术获得了长足的进步，但一张全部被测表面的压力图需要成百上千的测压口和传感器，测压口要设在被测运动模型表面，这样就使被测模型表面损坏，造成压力分配不真实，依然得不到被测量表面连续的压力变化数据。为此很多科学家着眼于气动力压敏漆测压技术的研究。与传统的传感器测压相比，其优点在于：由离散的点测量变为连续的面测量；空间分辨率提高，克服了测压点布置问题及测量点较少等问题，可以实现测力与测压在同一模型上同时测量以及测压与表面流态显示同时完成；不损坏模型，操作简单，成本大大降低，并可对压力分布进行动态测量。

压敏漆是一种含有探针分子的聚合物。气动力压敏漆测压是基于发光分子的光致发光和氧猝灭原理。将含有发光探针分子的压敏漆用适当方式涂布于飞行器表面，并选用适当波长的激发光照射时，压敏漆瞬时发出某一波段的可见光。当气流经过模型表面时，各处所受压力不一样，则氧分压也不同，造成对压敏漆中发光分子的猝灭程序不一样。故模型表面的氧分压（即当地静压）越大，发光光强就越小。通过发光强度的测量，进而计算表面流态特性。

20 世纪 80 年代末，美国华盛顿大学开始研制压敏漆。在美国 NASA 和波音公司资助下，研制出用紫外光源照射的八乙基卟啉铂（PtOEP）光敏体系，将其分散于有机硅聚合物中制成压敏漆，应用 CCF 技术测量发光强度的变化，得到模型表面压力分布的定量数据。目前 Morris 研究小组已经研制出了响应时间短，用可见光激发光致发光测压的压敏漆。

二、流速测量

流速测量技术的发展可以从下面五个方面介绍。

1. *热线热膜风速计（HWFA）的新发展*

HWFA 是 1914 年发明的，至今已有 80 多年的历史，曾经为流体力学的发展和湍流研究的推进立下了汗马功劳。至今为止，流体力学和湍流研究中的许多重要成果都是与其分不开的。

HWFA 的基础是一根无限长的圆柱体，在无限大的流场中的热对流理论。1914 年 King

推导了这一圆柱体的热对流方程，并且给出了方程的解，导出热对流耗散和流动速度之间的关系，这就是著名的 King 公式，即

$$H=(A+BU)(T_s-T_o) \tag{7-17}$$

式中 H—— 对流耗散；

A,B—— 常数；

U—— 流动速度；

T_s—— 热线或热膜的工作温度；

T_o—— 环境温度。

根据热平衡原理，热产生应该等于热耗散，因而有

$$I_s^2R_s=(T_s-T_o)(A+BU) \tag{7-18}$$

式中 I_s—— 加热电流；

R_s—— 工作电阻。

当 I_s 为常数时，R_s 和 U 之间建立了一定的函数关系，以这一关系为基础的风速计称为恒流风速计。当 R_s 为常数时，I_s 和 U 之间建立了一定的函数关系，以这一关系为基础的风速计称为恒温风速计。

大体上说，20 世纪 50 年代以前的风速计大都是恒流式的风速计；50 年代以后，随着电子技术的进步，恒温风速计反应快、时间常数小的优点得到了发挥，因而恒温风速计几乎垄断了整个风速计市场，称为第二代热线热膜风速计。但是直到 1985 年为止，恒温热线热膜风速计仍然是模拟处理型的，故功能有限，技术含量不高。

1985 年开始出现了计算机处理的 HWFA 系统，甚至利用了 CPU 技术，发展了智能型 HWFA 系统（例如 TSI 公司的 IFA100/200 型智能化流动分析仪）。这种类型的风速计，技术含量较高，功能很强，但原理上并没有多大的进步，仍然和模拟式恒温 HWFA 一样；其物理模型还是建立在 Freyniuth 纯电阻模型基础上的；其动态方程仍然是三阶的；且具有三个以上的调节参量，调节过程中相互制约，相互影响；系统很不稳定，仍然需要做方波实验，调节麻烦，使用不便；频带也较窄，不宜在高频流动中使用。

1992 年以北京大学力学系盛森芝教授为首的研究小组，提出了预移相型的 HWFA 原理，并且制成了 IFV-900 型智能流速测量系统。这种预移相型 HWFA 系统具有以下五大特点：

(1) 预移相线路模型，具有五阶的动态方程，理论上有重大突破，完全隔除了全部调节参量，调节简单，使用方便。

(2) 提出了动态偏置的新概念和同步偏置的新线路，线路有重大发展。

(3) 利用 CPU 技术，具有智能化功能，自动化程度有重大提高。

(4) 线路稳定，频带宽，动态性能好，并且免去了方波实验，调试技术上有重大改进。

(5) 编制了多功能、多用途的先进软件包，功能上有重大扩展。

正由于以上特点，故被人们称为“热线热膜风速计的革命”和“三十年来热线热膜风速计技术的最大发展”，因此把这种形式的 HWFA 系统称为第三代热线热膜风速计。

1995 年美国 TSI 公司根据预移相型的原理制成了 IFA300A 型研究用恒温热线热膜风速计，实现了全电脑控制和自动电桥最佳化调整，工艺上、技术上都比我们的 IFV-900 有了较大的提高，是目前市场上最好的 HWFA 产品。

2. 激光测度仪(LDV 或 LDA) 的新发展

LDV是1964年发明的。它是建立在激光多普勒频移基础上,通过测量频率来测量流动速度的。LDV的第一代市场产品诞生于20世纪70年代初,光路系统为离散的光学元件,处理器为跟踪型信号处理器,模拟输出。第二代产品大约诞生在80年代初,光路系统为部分集成化、部分离散的光学元件,处理器为计数型信号处理器,数字输出,并且利用计算机进行数据处理,技术含量有了很大提高,功能大为增强。进入90年代以后,产生了第三代LDV,其主要特点是:

(1) 集成化。用集成光学组合件代替离散的光学元件。

(2) 光纤化。用保偏的大功率光学纤维代替部分光学传送部件,使LDV的体积大幅度缩小,质量大幅度减轻,机动性、灵活性大幅度提高。

(3) 智能化。排除人为因素的限制,确保测量的有效性和正确性,同时提高自动化程度。

(4) 精确化。利用现代的数字信号处理技术改善了LDV的信号处理能力,并且在设计思想上有了一系列的根本性突破(例如TSI的IFA650/750信号处理器,设计思想有五个大的突破,性能很好)。

3. 相位多普勒技术的新发展

相位多普勒技术发明于1975年,它是利用测量相位测量粒子直径的两相流测量仪器。它的测量公式为

$$\varphi=F(m)d_p$$

式中　φ—— 相位差;

m—— 粒子的折射系数;

$F(m)$—— 某一函数;

d_p—— 粒子直径。

相位多普勒技术的真正市场产品出现于20世纪80年代中期,当时叫PDA(相位多普勒风速计),是用于粒子直径和速度测量的,称为传统的相位多普勒,或第一代相位多普勒风速计。其主要缺点为:

(1) 检测器之间的间隔受到接收透镜数值孔径的限制。

(2) 接收器听方位被固定在接收系统之内,仰角只能靠替换接收镜来改变。

(3) 由单个参数,也就是离轴角度来控制散射角。

(4) 系统设计是建立在老的20世纪70年代末80年代初技术基础上的。

(5) 粒径测量范围在10μm ~ 1mm之间。

进入20世纪90年代以后,产生了第二代PDA技术(例如TSI公司的APV系统),其主要特点为:

(1) 利用了全部光散射模式,其包括折射、反射和二次反射。

(2) 既利用了几何散射理论,又利用了米氏散射理论。

(3) 利用了20世纪90年代发表的一系列理论和计算图表,把光强分成了便于查找和利用的15个区和五个等级。

(4) 考虑了偏振的影响。

(5) 测量范围扩大到亚微米范围,乃至于纳米范围。

(6) 发展了自动选择配置模式,提供精确的相位直径关系,估计信号强度和能见度的

SIMAP 模拟程序，大大提高了测量准确度。

(7) 提供了以 Windows 软件平台为基础的功能强大的信号处理软件包。

4. 粒子成像速度场仪(简称 PIV) 的新发展

粒子成像速度场仪，本质上是流场显示技术的新发展。流动显示是实验流体力学的一个重要组成部分，它的主要任务是把流动的某些性质加以直观表示，以便对流动获得全面的、发展的认识，因而成了实验流体力学中一个长盛不衰的课题。

按光波通过流动时发生透射、散射和吸收三种不同的作用行为的利用情况，流动显示技术可分成光学相位法、示踪粒子法和注能释能法三大类。

光学相位法是将透过流场的透射光和未透过流场的入射光进行比较。它的主要特点是利用流体密度的变化，适合于可压缩流动的显示。

示踪粒子法是利用流场中的散射粒子所发射的散射光来测定流动状态的。只要粒子足够小，就可认为其运动方向和大小与流体相一致。这种方法适用于稳定流动和不可压流体。

注能释能法是在流体中注入或释放热能或电能，使流体元的能级增加或减少，然后再利用光学相位法或自身发光法进行显示或直接观察。这类方法适用于低密度流动(例如稀薄气体流场)，由于低密度流动密度变化很小，如不改变流体元的能量状态，就无法利用光学相位法进行显示。

上述传统的流场显示技术可以为流动结构提供全局性的、发展的定性认识，但很难提供详细的定量结果。利用一些典型流动来估计流动图案，有时候可以获得很好的效果，但精度比单点测量的 LDV(0.1%) 低一个数量级，仅为 1% 左右，分辨率比 LDV(1mm 左右) 小了一个数量级，仅为 10mm 左右，这就是说，精度高、分辨率好的单点测量技术难获得精确的定量结果。PIV 技术就是在流动显示基础上，利用图形图像处理技术的类似做法发展起来的一种新的流动测量技术。它综合了单点测量技术和流动显示测量技术的优点，克服了两种测量技术的弱点，既具备了单点测量技术的精度和分辨率，又能获得平面流场显示的整体结构和瞬态图像。目前它的分辨率已达到了 2mm 级，清晰度也很高，速度测量范围也很宽。以双 YAG 脉冲激光源为光源组成的 PIV 系统，其测速范围在 0.01～350m/s之间，足以适应一般流场研究的需要。

如图 7-7 所示，PIV 的原理是由脉冲激光源通过柱面镜和球面镜形成的片光源，照亮流场中一个很薄的(约 2mm 厚) 流场层片；在与片光源相垂直方向的 CCD 或照相机摄下流场层片中流动粒子的图像；然后把图像数字化送入计算机，利用自相关或互相关原理进行图像处理。

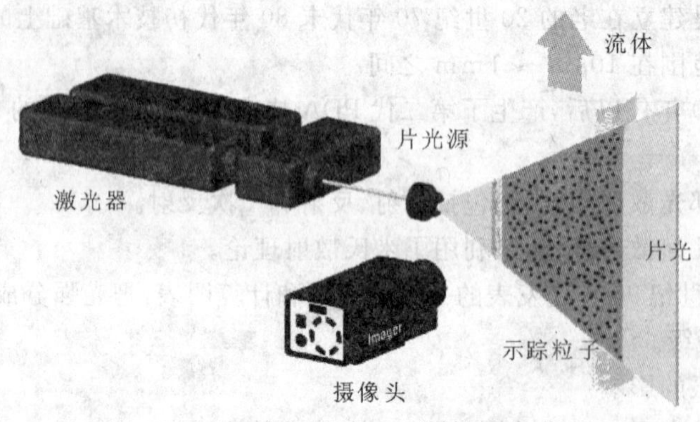

图 7-7　PIV 原理图

它的主要特点：

(1)PIV 能对多种瞬态流场进行测试。比如燃烧火焰场、内燃机、自然对流、火箭发射、尾部流场、火炮发射口流场等都是典型的瞬态流场。

(2)PIV 能测量流动的空间结构。空间结构通常只有在同一时刻去记录整个信息场时才能看到，如在高湍流流动中，数据的平均掩盖了不断改变的瞬态空间结构图像，只有通过诸如 PIV 技术才有可能获得流动中的小尺度结构的逼真图像。

(3)PIV 也可以对某些特殊的稳定流场进行测试。实际流动中存在着很多复杂状况，比如狭小的流场，虽然流动是稳定的，但因流场较小，不适合热线热膜风速计在流场中测量，此时 PIV 则可以很好地解决。

经过多年发展，PIV 得到了非常广泛的应用：内流研究（例如各种发动机流场、管道内流场等）；高速气流的涡流、湍流分析（例如火焰喷射器流场）；室内外气流的流场分析（例如空调房间气流场）；各种流态的水流分析（例如水泵吸水池流动状态）；风洞等大型设备中各种模型状态下的复杂流动（例如低速开口风洞飞机流场）；涡流研究（例如搅拌器流场）；医学中微循环、血液流动研究（例如人造心脏动脉瘤流场）。

5. 三维速度场测量的新发展

以上所陈述的各种测速方法基本都属于二维速度场测试技术。在二维问题有所突破后，三维速度场测量便成为当今流场测试研究中的最前沿问题和热点。体视 3D－PTV 和 3D－PIV 技术就是目前三维速度场测量的前沿技术。

(1) 体视 3D－PTV 技术。它应用体视原理利用两个方向（或多个方向）的观察视差作空间点的三维位置重建。在三维速度场测量中，体视原理与 PTV 技术已紧密地结合在一起。用两个(3 个或 4 个) 相机从不同位置记录被照明的流场粒子，对每一相机都可应用 PTV 技术进行粒子的识别、跟踪，完成记录像面上随机分布粒子图像序列位置的测量；在此基础上再进行不同相机之间粒子图像的匹配识别，最后根据相机空间位置投影关系完成粒子空间位置和位移的体视三维重建，这是体视 3D－PTV 测速技术的基本思想。由于单像粒子识别、跟踪本身就是一件困难的事（除非流场中粒子浓度很低），再进行双像（或多像）粒了匹配更是增加了这项技术的难度。因此 3D－PTV 都是在粒子稀疏的情况下应用，可提取的三维速度信息较少，这是 3D－PTV 的最大不足。

目前，双相机摄影既有用一般照相机的也有用 CCD 相机的，而 3 架相机、4 架相机拍摄则多用 CCD 相机来进行。用一般照相机做 PTV 通常还是在一张底片上记录两次曝光的粒子图像，这种方法仍然存在方向二义性问题，可以用两次曝光的强度差编码来解决。为了克服两相机间同名粒子匹配困难，也可将两相机镜头同轴放置。粒子位置分布的相似性有助于同名粒子识别，但是在光轴附近纵向速度的测量误差极大。用 3 个 CCD 相机（最好是 4 个 CCD 相机）连续拍摄粒子图像序列（每一帧上只记录一个时刻的粒子像），用多画面间投影线关系解决不同相机图像间的粒子匹配是一种极好的方法，并且这种记录方式可以容易地解决方向二义性问题，与两次曝光记录方式相比，画面上粒子像的密度降低 1/2 ，对粒子识别、跟踪和匹配非常有利。

(2)3D－PIV 技术。如图 7－8 和图 7－9 所示，由两台 YAG 脉冲激光器组合光源系统、双相机立体摄影移位校准系统以及粒子图像底片自动判读系统等组成的 3D－PIV 测速系统，在三维旋涡流场的测试应用中，从一个 10cm×10cm 的流场切面上可获得 2 000 个点以上的三维速度矢量，典型的测量误差为面内位移 9.1μm、纵向位移 82.4μm，同名点的相对误差为面内1.2%、纵向5.4%。在当今三维速度场测量的困难探索阶段，从 3D-PIV 技术所具有的特点(高分辨率、高精度)、处理技术的规范性以及基于 2D-PIV 实验设备的易扩展性来看，无疑具有极大的发展潜力，在不久的将来 3D-PIV 会成为三维速度场测量中一项具有前途的真正实用的测试技术。

除上面介绍的两大类三维测速方法之外，还有一些其他方法。例如采用单台相机底片左右分幅记录的方式，或者利用激光全息技术。实际上在十多年前人们就对全息方法记录粒子场作过大量研究，例如考虑燃油的发动机内的雾化问题，当初所关心的主要是粒子空间分布情况以及粒子尺寸等问题。近几年随着测速技术的发展，全息方法、全息电影技术又在速度场测量中引起了重视。特别是Meinhart和Adrain等人发展的全息粒子图像测速技术(HPIV)，在 10cm×10cm×10cm 的流场中能够测得全场同一时刻速度矢量的个数达到 10^5 量级。

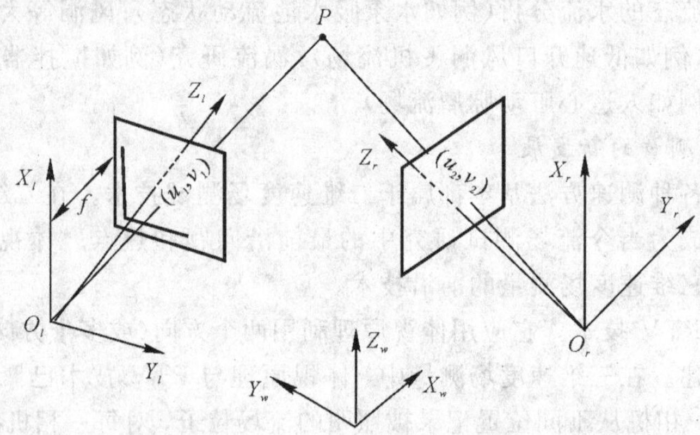

图 7-8 3D-PIV 原理图

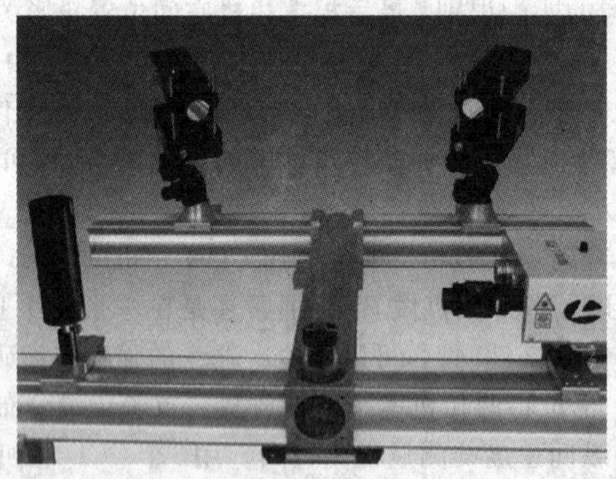

图 7-9 3D-PIV 系统

思 考 题

1. 实验流体力学测力技术的发展趋势是什么？有什么特点？
2. 激光测速仪的总体发展趋势如何？

附　录

附录 1　标准大气简表

H/km	T/K	p/(10^4 Pa)	ρ/(km · m^{-3})	a/(m · s^{-1})	$\frac{\mu}{10^{-5}\ kg/(m \cdot s)}$
0	288.15	10.132 52	1.225 05	340.29	1.789 4
1	281.65	8.987 50	1.111 68	336.43	1.757 8
2	275.15	7.949 56	1.006 46	332.53	1.726 0
3	268.65	7.010 87	0.909 13	328.58	1.693 7
4	262.15	6.164 07	0.819 13	324.58	1.611 1
5	255.65	5.401 99	0.736 12	320.53	1.628 1
6	249.15	4.718 08	0.659 69	316.43	1.594 8
7	242.65	4.106 04	0.589 50	312.27	1.560 9
8	236.15	3.560 01	0.525 17	3.8.06	1.526 8
9	229.65	3.074 29	0.466 35	3.3.79	1.492 2
10	223.15	2.643 58	0.412 70	299.46	1.457 1
11	216.65	2.263 18	0.363 91	295.07	1.421 6
12	216.65	1.933 09	0.310 83	295.07	1.421 6
13	216.65	1.651 05	0.265 49	295.07	1.421 6
14	216.65	1.410 20	0.226 75	295.07	1.421 6
15	216.65	1.204 45	0.193 67	295.07	1.421 6
16	216.65	1.028 72	0.165 42	295.07	1.421 6
17	216.65	0.878 67	0.141 28	295.07	1.421 6
18	216.65	0.750 48	0.120 68	295.07	1.421 6
19	216.65	0.641 00	0.103 07	295.07	1.421 6
20	216.65	0.547 49	0.088 03	295.07	1.421 6
22	218.65	0.399 97	0.063 73	296.43	1.432 6
24	220.65	0.293 05	0.046 27	297.78	1.443 5
26	222.65	0.215 31	0.033 69	299.13	1.454 4
28	224.65	0.158 63	0.024 60	300.47	1.465 2
30	226.65	0.117 19	0.018 01	301.80	1.476 0
32	228.65	0.086 80	0.013 23	303.13	1.486 8

附录2　空气动力学中常用的有量纲物理量的SI单位和量纲

物理量		SI单位			量　纲
名　称	符　号	国际符号	用其他SI单位表示的表示式	用SI基本单位表示的表示式	
长度	l	m		m	L
质量	m	kg		kg	M
时间	t	s		s	T
力	F	N		$m \cdot kg \cdot s^{-2}$	LMT^{-2}
密度	ρ	$kg \cdot m^{-2}$		$kg \cdot m^{-2}$	$L^{-3}M$
速度	v	$m \cdot s^{-1}$		$m \cdot s^{-1}$	LT^{-1}
加速度	a	$m \cdot s^{-2}$		$m \cdot s^{-2}$	LT^{-2}
角速度，角频率	ω	$rad \cdot s^{-1}$		s^{-1}	T^{-1}
压力，压强，应力	p,σ,τ	Pa	N/m^2	$m^{-1} \cdot kg \cdot s^{-2}$	$L^{-1}MT^{-2}$
能，功，热量	E,W,Q	J	$N \cdot m$	$m^2 \cdot kg \cdot s^{-2}$	L^2MT^{-2}
功率	P	W	J/s	$m^2 \cdot kg \cdot s^{-3}$	L^2MT^{-2}
频率	f	Hz		s^{-1}	T^{-1}
力矩	M	$N \cdot m$		$m^2 \cdot kg \cdot s^{-2}$	L^2MT^{-2}
动量	p	$kg \cdot m \cdot s^{-1}$		$m \cdot kg \cdot s^{-2}$	LMT^{-1}
动量矩	L	$kg \cdot m^2/s$		$m^2 \cdot kg \cdot s^{-1}$	L^2MT^{-1}
转动惯量	J	$kg \cdot m^2$		$kg \cdot m^2$	L^2M
（动力）黏度	μ	$Pa \cdot s$	$N \cdot s/m^2$	$m^{-1} \cdot kg \cdot s^{-1}$	$L^{-1}MT^{-1}$
运动黏度	v	$m^2 \cdot s^{-1}$		m^2s^{-1}	L^2T^{-1}
弹性模量	E	Pa	N/m^2	$m^{-1} \cdot kg \cdot s^{-2}$	$L^{-1}MT^{-2}$
热力学温度	T	K		K	Θ
气体常数	R	$N \cdot m/(kg \cdot K)$		$m^2 \cdot s^{-2}K^{-1}$	$L^2T^{-2}\Theta^{-1}$
熵	S	J/K		$m^2 \cdot kg \cdot s^{-2}K^{-1}$	$L^2MT^2\Theta^{-1}$
焓	H	J		$m^2 \cdot kg \cdot s^{-2}$	L^2MT^{-2}
比热容	c	$J/(kg \cdot K)$		$m^2 \cdot s^{-2}K^{-1}$	$L^2T^{-2}\Theta^{-1}$
热导率；（导热系数）	λ	$W/(m \cdot K)$	$I/(m \cdot s \cdot K)$	$m \cdot kg \cdot s^{-3} \cdot K^{-1}$	$LMT^{-3}\Theta^{-1}$
传热系数	h	$W/(m^2 \cdot K)$	$I/(m^2 \cdot s \cdot K)$	$kg \cdot s^{-3}K^{-1}$	$MT^{-3}\Theta^{-1}$

附录3 水的密度(随温度而变)

t/℃	ρ/(kg·m^{-3})	t/℃	ρ/(kg·m^{-3})
−10	0.998 15	11	0.999 63
−9	0.998 43	12	0.999 52
−8	0.998 69	13	0.999 40
−7	0.998 92	14	0.999 27
−6	0.999 12	15	0.999 13
−5	0.999 30	16	0.998 97
−4	0.999 45	17	0.998 80
−3	0.999 58	18	0.998 62
−2	0.999 70	19	0.998 43
−1	0.999 79	20	0.998 23
0	0.999 87	21	0.998 02
1	0.999 93	22	0.997 80
2	0.999 97	23	0.997 56
3	0.999 99	24	0.997 32
4	1.000 0	25	0.997 07
5	0.999 99	26	0.996 81
6	0.999 97	27	0.996 54
7	0.999 93	28	0.996 26
8	0.999 88	29	0.995 97
9	0.999 81	30	0.995 67
10	0.999 73	35	0.994 06

附录4　常用物理常数

物理量	符　号	量　值
真空中光速	c	$2.997\ 925\ 0\times10^{8}$ m/s
阿伏伽德罗常数	N_A	$6.022\ 169\times10^{23}$ mol^{-1}
标准大气压	p	1.013×10^{5} Pa
摩尔气体常数	R	8.314 34 J/(mol·K)
玻耳兹曼常数	k	$1.380\ 662\times10^{-23}$ J/K
洛喜密脱数	n_0	$2.686\ 83\times10^{25}$ m^{-3}
在标准状况下摩尔分子气体体积	V_m	$2.241\ 36\times10^{-2}$ L/mol
热功当量	J	4.185 5 J/cal
真空中介电常数	ε_0	$8.854\ 185\ 1\times10^{-12}$ F/m
真空中的磁导率	μ_0	$4\pi\times10^{-7}$ H/m
电子电量	e	$1.602\ 191\ 7\times10^{-19}$ C
电子的静止质量	m_e	$9.109\ 558\times10^{-31}$ kg
电子的荷质比	e/m_e	$1.758\ 804\ 7\times10^{11}$ C/kg
质子的静止质量	m_p	$1.672\ 614\times10^{-27}$ kg
中子的静止质量	m_n	$1.674\ 920\times10^{-27}$ kg
原子质量单位	u	$1.660\ 565\ 5\times10^{-27}$ kg
氢原子质量	m_H	$1.673\ 614\times10^{-27}$ kg
法拉第常数	F	$9.648\ 670\times10^{4}$ C/mol
玻尔半径	a_0	$5.291\ 770\ 6\times10^{-11}$ m
μ介子的静止质量	m_μ	$1.883\ 566\times10^{-28}$ kg
万有引力常数	G	$6.673\ 2\times10^{-11}$ $N\cdot m^2/kg^2$
里德伯常量	R_∞	$1.097\ 373\ 1\times10^{7}$ m^{-1}
普朗克常量	h	$6.626\ 196\times10^{-34}$ J·s
水的三相点	T_0	273.160 0 K

参 考 文 献

[1] 王铁城,等.空气动力学实验技术.北京:国防工业出版社,1986.
[2] 屠兴.模型实验的基本理论与方法.西安:西北工业大学出版社,1989.
[3] 颜大椿.实验流体力学.北京:高等教育出版社,1992.
[4] 罗姆·哈勒.伟大的科学实验.廖启端,译.北京:科学普及出版社,1985.
[5] 徐华舫.空气动力学基础.北京:国防工业出版社,1982.
[6] 许定奇,等.科学实验导论.北京:石油大学出版社,1989.
[7] 何庆芝.航空航天概论.北京:北京航空航天大学出版社,1997.
[8] 戴昌晖,等.流体流动测量.北京:航空工业出版社,1991.
[9] Richard I Goldstein. Fluid Mechanics Measurements. Philadelphia: Taylor & Francis, 1999.
[10] 费业泰. 误差理论与数据处理. 北京:机械工业出版社,2010.
[11] 梁晋文. 误差理论与数据处理(修订版). 北京:中国计量出版社,2001.
[12] John Nicholas Newman. Marine Hydrodynamics. Cambridge, Massachusetts: MIT Press, 1977.
[13] 欧特尔 H. 普朗特流体力学基础. 朱自强,钱翼稷,李宗瑞,等,译. 北京:科学出版社,2008.
[14] Tavoularis S. Measurement in Fluid Mechanics. Cambridge: Cambridge University Press, 2005.

后 记

本书是针对西北工业大学与流体力学相关专业的本科生编写的，授课时间约 30 小时。

实验流体力学的内容十分庞杂，由于学时有限，只能介绍其中最基础的部分。在十几年的教学实践中，编者发现对当今学生的动手能力和理论联系实际的能力不能估计过高，教学中只能以其确实具有的基础为起点，这样才能取得较好的教学效果。因此，本书是从最基本的部分开始写的。鉴于西北工业大学是以航空专业为主的大学，书中大部分例子涉及的是实验空气动力学的基本内容。

编 者

2010 年 10 月